多媒体技术与应用

主编 宗小忠 徐光宏

U0395907

苏州大学出版社

图书在版编目(CIP)数据

多媒体技术与应用 / 宗小忠,徐光宏主编. —苏州
:苏州大学出版社,2012.6
ISBN 978-7-5672-0075-3

Ⅰ. ①多… Ⅱ. ①宗… ②徐… Ⅲ. ①多媒体技术
Ⅳ. ①TP37

中国版本图书馆 CIP 数据核字(2012)第 111849 号

多媒体技术与应用

宗小忠　徐光宏　主编

责任编辑　马德芳

苏州大学出版社出版发行

(地址:苏州市十梓街 1 号　邮编:215006)

宜兴市盛世文化印刷有限公司印装

(地址:宜兴市万石镇南漕河滨路 58 号　邮编:214217)

开本 787 mm×960 mm　1/16　印张 13.5　字数 260 千
2012 年 6 月第 1 版　2012 年 6 月第 1 次印刷
ISBN 978-7-5672-0075-3　定价:28.00 元

前　言

　　纵观人类科学技术的发展史，无数事实证明，人们发明了技术，而技术本身又会反过来改变人类的生活。多媒体技术的出现，使处在"数字化"时代的人们又一次体会到多媒体技术对人类生活、工作与学习环境所带来的巨大影响。

　　多媒体技术作为一种迅速发展起来的综合性电子信息技术，是 21 世纪大学生知识结构的重要组成部分，对提高大学生的综合素质和能力具有十分重要的作用。而《多媒体技术与应用》也已经被列为高校非计算机专业计算机基础教育的核心课程。

　　本书从教学实际需求出发，合理安排知识结构，从零开始、由浅入深、循序渐进地讲解多媒体技术的基本知识和常用软件。本书共包括 8 章：第 1 章，多媒体技术基础知识；第 2 章，多媒体计算机系统；第 3 章，音频处理技术；第 4 章，图像处理技术；第 5 章，视频处理技术；第 6 章，计算机动画；第 7 章，网络多媒体技术；第 8 章，多媒体合成软件 Authorware 7.0。本书的主要特点为基础、新颖、实用。在每一章的后面，都附有思考与练习题。

　　本书主要适合作为普通高等学校、高职高专学校的教材，授课时间可为 80 ~ 120 学时，教师可以根据学时、专业和学生的实际情况选讲；同时也可以作为广大计算机爱好者、多媒体程序设计人员的自学读物。

　　本书由沙洲职业工学院宗小忠、徐光宏任主编，胡敏、丁纪可、吴海燕任副主编，参加编写的人员还有顾春霞、徐勇俊、季祥国，最后由宗小忠统稿、岳浩审校。在本书的编写过程中，徐晓军给予了我们大力的支持，并提出了许多宝贵的意见和建议，还有其他一些对本书的出版给予帮助的同事和朋友，在此一并表示衷心的感谢。

　　多媒体技术目前正处于快速发展的阶段，新的技术与应用成果不断涌现。尽管编者尽最大努力将这些新技术介绍给读者，但由于编者水平有限，加之时间仓促，书中难免有疏漏或错误之处，恳请专家、教师及广大读者批评指正，以便对本书进行不断的修订和完善。

作　者

Contents | **目录**

第 1 章 多媒体技术基础知识

第2章　多媒体计算机系统

第3章　音频处理技术

第4章　图像处理技术

第 5 章　视频处理技术

第6章　计算机动画

第7章　网络多媒体技术

第 8 章　多媒体合成软件 Authorware 7.0

第1章

多媒体技术基础知识

多媒体技术是从 20 世纪 80 年代开始发展起来的一门新兴的综合性信息技术，能对文字、图形、图像、音频、视频、超媒体等多种媒体进行存储、传输和处理，是人类信息科学技术史上的一次新的技术革命。它给传统的计算机系统、音频和视频设备带来了方向性的变革，给人们的工作、生活和娱乐带来了深刻的影响。作为一种新的信息处理技术，多媒体技术的发展带动了相关领域的发展，使人与计算机之间的信息交流变得生动活泼、丰富多彩，如网络教学、信息检索、视频会议、视频点播等，并渗透到人类社会生活的方方面面。

1.1 多媒体技术的相关概念

概念是反映对象的本质属性的思维形式，科学认识的成果都是通过形成各种概念来加以总结和概括的。概念有内涵和外延，只有明确了概念的内涵和外延，才能正确地运用概念。

我们要正确、全面地理解多媒体技术的概念和本质，必须要理解三个基本术语"媒体、技术、多媒体"的含义以及三者之间的联系。

1.1.1 媒体的概念

在计算机领域中，媒体（Media）有两种含义：存储信息的实体和表现信息的载体。例如，纸张、磁带、磁盘、光盘和半导体存储器等都是存储信息的实体，而诸如文本（Text）、音频（Audio）、视频（Video）、图形（Graphic）、图像（Image）、动画（Animation）等则是用来表现信息的载体。

1.1.2　技术的概念

"技术"一词习惯上与工艺联系在一起,各种辞书上的定义也不相同,在本书中对此采用现代含义的定义。"技术"的英文为 technology,其词根为 techne,源于希腊语。在希腊语中"技术"的本义就是"对纯艺术和实用技巧的论述",因此,它的词根 techne 就意味着"艺术和手工技巧"。

随着现代社会发展,"技术"一词的应用越来越广泛,对它的理解和表述也越来越多样化。我们要正确、全面地理解多媒体技术这一概念,必须首先弄清楚"技术"一词在现代用法中的确切含义。

在我国学术界,对"技术"一词的解释也是不同的。一种是以《辞海》为代表的解释,即把技术定义为:① 泛指根据生产实践经验和自然科学原理而发展成的各种工艺操作方法与技能;② 除操作技能外,广义的还包括相应的生产工具和其他物质设备,以及生产的工艺过程或作业程序、方法。另一种是以《科学学辞典》和《科技词典》为代表的解释,即把技术定义为:是为社会生产和人类物质文化生活需要服务的,是供人类利用和改造自然的物质手段、智能手段和信息手段的总和。

前一种定义比较窄,几乎只局限于技术的有形的物质性方面。如果按照这种定义来看待多媒体技术的"技术",势必就认为多媒体技术只包括"硬件"和"软件",把多媒体技术等同于录音机、录音带、录像机、录像带、计算机和程序、课件等有形的东西。在这种理解下,多媒体技术就是多媒体设备。后一种定义所包含的内容除了有形的物质性方面之外,还有无形的非物质性方面。这种"无形的非物质性"方面技术是客观存在的,在人们的社会实践中起到实实在在的作用。从某种意义上说,技术方面的作用不亚于有形的物质方面的技术,而且其作用更不能为后者所取代。因此,"技术"的含义,指的是有形技术和无形技术的总和。本书中对于多媒体技术也应在这个含义上来理解。

1.1.3　多媒体的概念

多媒体一词译自英文"Multimedia",而该词又是由 mutiple 和 media 复合而成的。关于多媒体的定义或说法多种多样,从不同的角度对多媒体给出了不同的描述。多媒体,顾名思义,是相对单媒体(Monomedia)而言的,从字面上看,当信息载体不只是数值或文字,而是包括图、文、声、像等多种媒体,并且多媒体有机结合成一种人机交互的信息媒体时,就称为多媒体。

广义上来讲,多媒体一词是多种信息媒体的表现和传播形式。人们在日常生活中进行交流时,不仅可以以声音、文字、图形、图像、手势和体态进行信息传递,而且可以通过嗅觉、味觉和触觉系统来感受外界信息,因此从某种意义上来讲,人是一个多媒体信息处理系统。

从狭义的角度来看,多媒体是指人们用计算机及其他设备交互处理多媒体信息的手段,或指在计算机中处理多媒体的一系列技术。这其中有几层含义:一是指媒体的表示形式,如数值、文字、声音、图像、视频等;二是指处理多种媒体的声卡、视频卡、DSP 芯片等硬件设备;三是指用来存储信息的实体,如光盘、磁带、半导体存储器等。

从教学的角度,单从多媒体的概念来理解,一切为教学服务所提供的声、图、文等信息媒体的综合就是多媒体。从这个意义上来说,我们在教学中,绝大部分的教学内容一直是通过声、图、文等多媒体将知识传授给学生的。目前,国内教育对"Multimedia"一词主要有以下两种译法:

(1)多媒介

媒介即信息载体,信息的存在形式或表现形式。多媒介即具有通过一种以上介质(Media)传递信息的能力,或是多种信息表现形式,如声音、图像、文字等的集成。而其中视频、图形和声音是多媒介概念的主要部分,中文的媒介也称为媒介和介质,英文都是 Media 一词。

(2)多媒体

媒体即信息存储实体,多媒体也就是可以存储、处理、传递多媒介信息的实体,实际上是指一个处理和提供声音、图像、文字等多种信息形式的计算机系统。更确切地说,即计算机成为能存储、处理、传播声音和图像及文字等多种媒介的实体,它是一种全新的信息传输的实体。

关于多媒体的定义或说法,目前仍没有统一的标准,人们从不同的角度出发对多媒体有不同的描述。目前较为确切的定义是 Lippinott 和 Robinson 1990 年在《Byte》杂志上发表的两篇文章的定义,概括起来主要就是:计算机交互式综合处理多种媒体信息——文本、图形、图像和声音,使多种信息建立逻辑连接,集成为一个系统并且具有交互性,或者是一种由计算机驱动的交互式通信系统,它产生、存储、传送以及检索由文本、图形及声音等信息构成的网络。图 1-1 所示即为各种媒体传播介质。

综上所述,我们可以认为:多媒体是融合两种以上媒体的人机交互式信息交流和传播媒体。在这个定义中需要明确以下几点:

① 多媒体是信息交流和传播媒体,从这个意义上来说,它与传统的杂志、电视、报纸等媒体的功能一样。

② 多媒体信息是以数字的形式进行存储和传输的。

③ 多媒体是人机交互式媒体,"机"主要是指计算机或者由微机控制的其他终端设备,因为计算机的一个重要特性是"交互性",使用它就比较容易实现人机交互功

能。从这个意义上来说,它与传统的杂志、电视、报纸等媒体是大不相同的。

| 文字 | 声音 | 视频 |

图1-1　各种媒体传播介质

④ 传播信息的媒体和种类很多,如文字、声音、图形、图像、动画等。虽然融合任何两种以上的媒体就可以称为多媒体,但通常认为多媒体中的连续媒体(声音和图像)是人与机器交互的最自然的媒体。

1.1.4　多媒体技术的概念

从以上三个基本概念,我们可以认为,现在大家所说的多媒体技术就是指计算机多媒体技术。

多媒体的内在实质不仅是信息的集成,而且是设备的集成和软件的集成,通过逻辑连接形成有机整体,又可以实现交互控制,集成和交互是多媒体的精髓,是其内在本质。因此多媒体技术不是多种信息媒体的简单复合,它与纯粹的文字上的"多媒体"的意义有着本质的不同。集成性是多媒体技术的主要特点,它不仅是有形物质和无形物质的集成,而且也是硬件和软件的集成。它为人与计算机提供了一个极为自然的学习、沟通方式。它可以形成人机互动、提供互相交流的操作环境和身临其境的场景。因此,交互性也是其主要特点。同时它也具有良好的兼容性和可扩展性,目前它已广泛地深入到教育领域,对教育产生了深远的影响,使传统教育陈旧的教育方式、面貌大为改观。

综上所述,所谓多媒体技术,就是采用计算机技术将文字、声音、图形、图像和动画等多媒体综合一体化,使之建立起逻辑连接,并能对它们获取、压缩编码、编辑、处理、存储和展示。简单地说,多媒体技术就是把声、文、图、像和计算机集成在一起的一门综合性技术。

1.2　多媒体技术的基本特征

多媒体技术作为一门综合性技术,具有以下几个主要特征:

1.2.1　多样性

多样性是相对于计算机而言的,是指信息媒体的多样性,又称为多维化,即把计算机所能处理的信息空间范围扩展和放大,而不再局限于数值、文本或是图形与图像。信息媒体的多样性使计算机所能处理的信息范围从传统的数值、文字、静止图像扩展到声音和视频信息,而且使人与计算机的交互具有更广阔、更自由的空间。人类对信息接收的五种感觉(视、听、触、嗅、味)空间中,前三种占有人机交互95%以上的信息量,因此信息多样化使计算机更加人性化。利用计算机技术可以综合处理多种媒体信息,从而创造出集多种表现形式为一体的新型信息处理系统,使用户更全面、更准确地接受信息。

1.2.2　集成性

集成性又称综合性,主要表现在两个方面:第一,多媒体信息的集成;第二,处理这些媒体的设备的集成。多媒体信息的集成,即媒体的表述可同时使用图、文、声和像等多种形式。多媒体设备的集成是显示和表现媒体设备的集成,计算机能和各种外设如投影仪、打印机、扫描仪、数码相机、音响等设备联合工作。总之,集成性能使多种不同形式的信息综合地表现某个内容,从而取得更好的感受效果。

1.2.3　交互性

它是多媒体技术的关键特性。交互性是指能为用户提供有效的控制和使用信息的方式。比如计算机多媒体系统可提供人—机交互的图形界面,用户通过键盘、鼠标、触摸屏等参与信息的选择、控制和使用,提高信息的适用性和针对性。交互性不仅增加对信息的注意力和理解,延长了信息的保留时间,而且交互活动本身也作为一种媒体加入了信息传递和转换的过程,从而使用户获得更多的信息。另外,借助交互活动,用户可参与信息的组织过程,甚至可控制信息的传播过程,从而使用户研究、学习到感兴趣的信息内容,并获得新的感受。

1.2.4 实时性

实时性是指当用户给出操作命令时,能得到同步响应。在多媒体播放系统中,各种媒体之间是同步的,播放的时序、速度及各媒体之间的其他关系也必须符合实际规律。多媒体系统在存储、压缩、传输和进行其他处理时,必须考虑实时性。

1.2.5 非线性

多媒体技术的非线性特点将改变人们传统循序性的读写模式。以往人们的读写方式大多采用章、节、页的框架,循序渐进地获取知识,而多媒体技术则借助超文本链接(Hyper Text Link)的方法,将内容以一种更灵活、更具变化的方式呈现给读者。

除了上述特点外,还有数据的海量性、媒体信息表示的空间性和方向性、信息使用的方便性、信息结构的动态性等。

多媒体技术是一种以计算机科学为中心,把音像技术、计算机技术、通信技术和网络技术四大信息处理技术结合起来,形成一种人机交互处理多种信息的新技术。集成性、多样性和交互性是其内涵,实时性、非线性、兼容性和可扩展性是其外延。在这里,我们可以大胆地预言,随着科学技术的发展,多媒体技术的内涵和外延将会不断地丰富。

1.3 多媒体的关键技术

现在,多媒体技术得到了长足的发展。在硬件方面,人们购买计算机时,已经没有像20世纪90年代那样关心有没有多媒体功能,而是关心声卡、显卡、音箱的品质和显示器的分辨率,关心自己的投入带来的是什么等级的享受。多媒体软件的发展更是惊人,无论是开发工具还是应用软件,现在已经多得不可枚举。多媒体涉及的技术范围越来越广,已经发展成为多种学科和多种技术交叉的领域。

1.3.1 多媒体数据压缩/解压缩技术

多媒体技术最令人注目的地方是它能及时、动态、高质量地处理声音和运动的图像,这些过程的实现需要处理大量的数据。数据压缩技术的发展和成熟,使多媒体技术得以迅速地发展和普及。

1. 多媒体压缩的必要性

多媒体技术需要利用计算机对文本、声音、图像、视频、动画等多种媒体进行处理,而这些媒体信息特别是图像、声音、视频在数字化后的数据量相当惊人,以致一般的采集、存储、处理和传输技术都难以胜任。例如,一幅 640×480 分辨率的真彩色图像,数据量约为 0.92MB,如果运动图像以每秒 30 帧的速度播放,则需视频信号传输速度为27.6MB/s。如果用 650MB 的光盘存放,在不考虑伴音信号的情况下,每张 CD-ROM光盘也只能存放 24s 的视频数据。并且由于今天网络数据的传输速率要远远低于硬盘和 CD-ROM 的数据传输速率,所以要实现网络多媒体数据的传输,实现网络多媒体,必须对多媒体信息进行实时压缩和解压缩。

2. 数据压缩的种类

数据压缩可分为无损压缩和有损压缩两种形式。

(1)无损压缩

无损压缩是指压缩后的数据经解压缩还原后,与原始数据完全相同,不存在任何误差。例如,文本数据的压缩必须是无损压缩,如果压缩再解压后的数据与原数据不一致,信息就会产生歧义。无损压缩算法利用数据的统计冗余进行压缩,一般可将数据压缩到原来的 1/4 ~ 1/2,常用的有行程长度编码、哈夫曼编码和字串表编码等。

① 行程长度编码(Run-Length Encoding,RLE)压缩算法是 Windows 系统中使用的一种图像文件压缩方法,其基本思想是:将一扫描行中颜色值相同的相邻像素用两个字节来表示,第一个字节是一个计数值,用于指定像素重复的次数;第二个字节是具体像素的值。通过压缩去除数据中的冗余字节或字节中的冗余位,从而达到减少文件所占空间的目的。例如,有一表示颜色像素值的字符串 RRRRRRGGBBBBB,用 RLE 压缩方法压缩后可用 6R3G5B 来代替,显然后者的串长度比前者的串长度小得多。译码时按照与编码时采用的相同规则进行,还原后得到的数据与压缩前的数据完全相同。因此,RLE 是无损压缩技术。该编码简单直观、编码/解码速度快,因此许多图形和视频文件,如 BMP、TIFF 及 AVI 等的压缩都可以采用此方法。

② 哈夫曼(Huffman)编码是一种对统计独立信源达到最小平均码长的编码方法,是 Huffman 于 1952 年为压缩文本文件建立的。其基本原理是:先统计数据中各字符出现的概率,再按字符再现频率高低的顺序分别赋予由短到长的代码,从而保证了文件的整体的大部分字符是由较短的编码构成的。例如,有一个文件中包含 8 种符号 S0、S1、S2、S3、S4、S5、S6、S7,每种符号要用 3 个比特表示,结果为 000、001、010、011、100、101、110、111(码字)。那么符号序列 S0S1S7S0S1S6S2S2S3S4S5S0S0S1 用该方法编码后,结果为 000001111000001110010010011100101000000001,共用了 42 个比特。我们发现S0、S1、S2 这三个符号出现的频率高,其他符号出现的频率低,如果我们采用一种编码方案使得 S0、S1、S2 的码字短,其他符号的码字长,这样就能够减少占用的比特数。例如,我们采用这样的编码方案:S0 到 S7 的码字分别为 01、11、101、0000、0001、0010、

0011、100，那么上述符号序列变成 0111100011100111011010000000010010010111，共用了 39 个比特，尽管有些码字如 S3、S4、S5、S6 变长了（由 3 位变成 4 位），但使用频繁的几个码字如 S0、S1 变短了，所以实现了压缩。

③ LZW（Lempel-Ziv & Welch）编码又称字串表编码，是 Welch 将 Lemple 和 Ziv 所提出来的无损压缩技术改进后的压缩方法，使用字典查找方案。它读入待压缩的数据并将它与一个字典库（库开始是空的）中的字符串对比，如果有匹配的字符串，则输出该字符串数据在字典库中的位置索引，否则将该字符串插入字典中。许多压缩软件如 PKZIR、ZOO、ARJ 等都采用了该方法。其中 GIF 图像文件采用的是一种改良的 LZW 压缩算法，称为 GIF-LZW 压缩算法。

（2）有损压缩

有损压缩是利用了人类对图像或声波中的某些频率成分不敏感的特性，允许压缩过程中损失一定的信息，但这些损失在可接受范围内；虽然不能完全恢复原始数据，但是所损失的部分对理解原始信息的影响很小，却换来了大得多的压缩比。有损压缩广泛应用于语音、图像和视频数据的压缩。在多媒体应用中，常见的有损压缩方法有：PCM（脉冲编码调制）、预测编码、变换编码、插值和外推法、统计编码、矢量量化和子带编码等，混合编码是近年来广泛采用的方法。

目前常用的多媒体数据压缩编码的国际标准有以下三种：

① JPEG（Joint Photographic Experts Group）标准。文件后缀名为". jpg"或". jpeg"，是最常用的图像文件格式，是由国际标准组织（International Standardization Organization，ISO）和国际电话电报咨询委员会（Consultation Committee of the International Telephone and Telegraph，CCITT）为静态图像所建立的第一个国际数字图像压缩标准，也是至今一直在使用、应用最广的图像压缩标准。

② MPEG（Moving Pictures Experts Group）标准。该标准是由"运动图像专家组"制定的用于视频影像和高保真声音的压缩编码标准。MPEG 标准主要有以下五个：MPEG-1、MPEG-2、MPEG-4、MPEG-7 及 MPEG-21 等。该专家组建于 1988 年，专门负责为 CD 建立视频和音频标准，而成员都是视频、音频及系统领域的技术专家。他们成功地将声音和影像的记录脱离了传统的模拟方式，建立了 ISO/IEC1172 压缩编码标准，并制定出 MPEG-格式，令视听传播进入了数码化时代。因此，大家现时泛指的 MPEG-X 版本，就是由 ISO（International Organization for Standardization）所制定发布的视频、音频、数据的压缩标准。

③ H. 26x 系统标准。该系列标准由国际标准化组织（ISO）和国际电信联盟（ITU）制定，以 H. 26x 命名（如 H. 261、H. 262、H. 263、H. 264 等），该标准主要针对实时视频通信的应用，如视频会议和可视电话等；H. 261 是 ITU-T 为在综合业务数字网

（ISDN）上开展双向声像业务（可视电话、视频会议）而制定的，速率为 64kb/s 的整数倍。H.262 标准等同于 MPEG-2 视频编码标准，H.263 是最早用于低码率视频编码的 ITU-T 标准，是 ITU-T 为低于 64kb/s 的窄带通信信道制定的视频编码标准。

3. 数据压缩的主要指标

数据压缩的主要指标包括以下三个方面：

（1）压缩比

压缩比即压缩前后的数据量之比，如果文件的大小为 2MB，经过处理后变成 0.5MB，那么压缩比为 4：1，在确保压缩效果相同的前提下，数据压缩比越高越好。

（2）压缩和解压缩的时间

数据的压缩和解压缩是通过一系列数学运算实现的。计算方法的好坏直接关系到压缩与解压缩所需的时间，实现算法要简单、高效，尽可能地做到实时压缩和解压缩。

（3）解压缩后信息恢复的质量

对于文本、程序等文件，需要采用无损压缩，确保在压缩和解压缩过程中信息的完整性。对于音频、图像和视频，经过数据压缩后允许部分信息丢失。信息经解压缩后不能完全恢复，但不能影响信息的正确展示和表达。

好的恢复质量和高的压缩比是一对矛盾。高的压缩比是以牺牲好的恢复质量为代价的。

1.3.2　多媒体专用芯片技术

专用芯片是改善多媒体计算机硬件体系结构和提高性能的关键。为了实现音频、视频信号的快速压缩、解压缩和实时播放，需要大量的快速计算。只有不断研发高速专用芯片，才能取得满意的处理效果。多媒体计算机专用芯片可归纳为两种类型：一种是固定功能的芯片，另一种是可编程的数字信号处理器（Digital Signal Processor, DSP）。专用芯片技术的发展依赖于大规模集成电路（Very Large Scale Intergration, VL-SI）技术的发展。

1.3.3　大容量信息存储技术

多媒体信息存储技术主要研究多媒体信息的逻辑组织、存储体的物理特性、逻辑组织到物理组织的映射关系、多媒体信息的访问方法、访问速度、存储可靠性等问题，具体技术包括磁盘存储技术、光存储技术以及其他存储技术。由于磁盘存储和半导体存储等是计算机系统的基本存储系统，而光存储技术是伴随着多媒体技术的发展而发展的，所以多媒体信息的存储技术一般特指光存储技术。在大容量只读光盘存储器

（CD-ROM）问世后才真正解决了多媒体的存储问题，CD-ROM 驱动器已经成为了多媒体计算机的标准配置。CD-ROM 从存储方式上可分为 CD-R（只读光盘）和 CD-RW（可擦写光盘）两种，从存储格式上可分为数据 CD、音乐 CD、VCD、DVD 等不同格式标准的光盘。光盘与大容量磁盘相比，具有容量大、价格低、使用方便等特点。目前的 CD-ROM 每片光盘的存储容量可达 650MB 以上，以存储图片、音频、动画、视频等信息。一张单层单面 DVD 存储容量可达 4GB 左右，双层双面的 DVD 的存储容量最高可达 17GB。

1.3.4　智能多媒体技术

　　1993 年 12 月，在多媒体系统和应用国际会议上，英国的两位科学家首次提出了智能多媒体的概念，引起了人们的普遍关注和研究兴趣。正如将人工智能看成是一种高级计算一样，智能多媒体应该看成是一种更加拟人化的高级智能计算。要利用多媒体技术解决计算机视觉和听觉方面的问题，必然要引入人工智能的概念、方法和技术。例如，在游戏节目中能根据操作者的判断智能地改变游戏的进程与结果，而不是简单的程序转移。多媒体技术与人工智能的结合必将两者的发展推向一个崭新的阶段。

1.3.5　多媒体通信技术

　　多媒体通信是一个综合性技术，涉及多媒体、计算机和通信等多个领域，通过对多媒体信息特点和网络技术的研究，建立适合传输文本、图形、图像、声音、视频、动画等多媒体信息传输的信道、通信协议和交换方式等，解决多媒体信息传输过程中的实时、数据压缩与数据同步等方面的问题。

1.3.6　虚拟现实技术

　　虚拟现实（Virtual Reality，VR）也称灵境技术或人工环境。虚拟现实是利用计算机模拟产生一个三维空间的虚拟世界，提供使用者关于视觉、听觉、触觉等感官的模拟，让使用者如同身临其境一般，可以及时、没有限制地观察和操作三维空间内的事物。这个概念包含三层含义：第一，虚拟现实是用计算机生成的一个逼真的实体，"逼真"就是要达到三维视觉、听觉和触觉等效果；第二，用户可以通过人的感官与这个环境进行交互；第三，虚拟现实往往要借助一些三维传感技术为用户提供一个逼真的操作环境。

　　虚拟现实是一种多技术多学科相互渗透和集成的技术，具有更高层次的集成性和交互性，研究难度非常大。但由于它是多媒体应用的高级境界，且应用前景十分看好，某些方面的应用远远超过了这种技术本身的研究价值，这就促使虚拟现实成为多媒体研究中十分活跃的一个领域,在展览、医学、娱乐、艺术与教育、军事与航天工业、室内设计、工业仿真、军事模拟、游戏等各方面都将有广泛的应用。

1.3.7　多媒体信息检索技术

随着数字化和网络时代的到来,要在日益增长的海量信息中找到某一具体的多媒体信息已经变得越来越困难,这一挑战使人们急需一种能在各种多媒体信息中快速定位有用信息的方法,这就是多媒体信息检索技术。MPEG-7(多媒体内容描述接口)建立了一种对多媒体数据的描述标准。建立在符合这些标准的多媒体信息上的模型将使信息的检索、过滤变得更加方便和容易,用户可用尽量少的时间找到自己感兴趣的信息。

1.4　多媒体技术的发展历史、应用领域与发展趋势

1.4.1　多媒体技术的发展历史

多媒体技术是和计算机技术、网络技术融合在一起的综合性技术。计算机技术和网络技术的发展,不断促进多媒体技术的发展,不断对多媒体技术提出新的需求。多媒体技术的发展与应用,反过来又使得计算机技术和网络技术的应用更加深入广泛。

多媒体技术的发展有以下几个具有代表性的阶段:

① 1984 年,美国 Apple 公司开创了用计算机进行图像处理的先河,Apple 计算机是 Apple 公司自行研制和开发的,其操作系统为 Macintosh,创造性地使用了位图(Bitmap)、窗口(Windows)、图标(Icon)等技术,同时引入了鼠标作为交互设备,建立了新型的图形化人机接口标准,对多媒体技术的发展作出了重要贡献。

② 1985 年,美国 Commodore 公司将世界上第一台多媒体计算机系统展示在世人面前,该计算机系统被命名为 Amiga,并在随后的世界计算机博览会上(Comdex 98)展示了该公司研制的 Amiga 的完整体系,它是多媒体计算机的雏形。

③ 1986 年 3 月,荷兰 Philips 公司和日本 Sony 公司共同制定了 CD-I(Compact Disc Interactive)交互式紧凑光盘系统标准,使多媒体信息的存储实现了规范化和标准化。CD-I 标准允许一片直径为 5 英寸的激光盘能存储 650MB 的信息量。

④ 1987 年 3 月,RCA 公司制定了 DVI(Digital Video Interactive)技术标准,在交互式视频技术方面进行了规范化和标准化,使计算机能够利用激光盘以 DVI 标准存储图像、声音等多种信息。

同年,美国 Apple 公司开发了 Hyper Card(超级卡),将它安装在 Apple 计算机中,使 Apple 计算机具备了快速、稳定处理多媒体信息的能力。

⑤ 1990 年 11 月,美国 Microsoft 公司、荷兰 Philips 公司等一些公司共同成立了"多媒体个人计算机市场协会(Multimedia PC Marketing Council)"。该协会的主要任务是对计算机的多媒体技术进行规范化管理和制定相应的标准,并制定了多媒体计算机的"MPC-Ⅰ标准",规定了多媒体计算机的最低标准、量化指标和升级规范等。

⑥ 1991 年,多媒体个人计算机市场协会公布了 MPC-Ⅱ标准。该标准在 MPC-Ⅰ的基础上,提高了多媒体设备的性能指标参数,尤其对声音、图像、视频和动画的播放支持、CD-ROM 的速度等作了新的规定。此后,多媒体个人计算机市场协会演变成了多媒体个人计算机工作组(Multimedia PC Working Group)。

⑦ 1995 年 6 月,多媒体计算机工作组公布了 MPC-Ⅲ标准,制定了视频压缩技术 MPEG 的技术指标。

⑧ 1998 年在网络技术迅速发展的大背景下,新型的教育环境应运而生。我国教育部 1999 年推出《面向 21 世纪教育振兴行动计划》,将校园网的构建提到日程上来,2000 年 4 月中国基础教育网正式开通,同年 10 月国家教育部宣布全面实施"校校通"工程,目标是未来的 5~10 年内使全国 90% 以上的中小学能与网络联通,到 2005 年使所有大学和 1000 所中小学能够上网。

⑨ 目前,多媒体技术已经发展成为一门综合性技术,充分利用各种技术的优势,大大促进了信息利用和信息资源开发。

今后的多媒体技术将更加贴近人们的生活、学习和工作,成为人们信息交流的重要手段,其发展和创新与计算机的更新换代、系统的改进、软硬件的开发密不可分。多媒体技术将带来更多更新的技术,其发展前景将更加广阔,内容将更加丰富。因此,多媒体技术研究与应用的空间十分广阔。

1.4.2 多媒体技术的应用领域

多媒体技术、网络技术及通信技术的有机结合,使得多媒体的应用领域越来越广泛,几乎覆盖了计算机应用的绝大多数领域,而且还开拓了涉及人们工作、学习、生活和娱乐等多方面的新领域,多媒体技术正在不断地成熟和进步,典型应用包括以下几个方面。

1. 计算机辅助教学(Computer Assisted Instruction,CAI)

计算机辅助教学是在计算机辅助下进行的各种教学活动,以对话方式与学生讨论教学内容、安排教学进程、进行教学训练的方法与技术。教育领域是应用多媒体最早的领域,也是进步最快的领域。计算机辅助教学的最大优点是具有个别性、交互性、灵活性和多样性,为学生提供一个良好的个人化学习环境,综合应用多媒体、超文本、人工智能、网络通信和知识库等计算机技术,克服了传统教学情景方式上单一、片面的缺点。它的使用能有效地缩短学习时间、提高教学质量和教学效率,实现最优化的教学目标。

计算机辅助教学一般可分为计算机硬件、系统软件和课程软件三部分。

随着科学技术的发展,计算机辅助教学将向网络化、标准化、虚拟化和合作化方向发展。

2. 计算机辅助设计(Computer Aided Design,CAD)

利用计算机及其图形设备帮助设计人员进行设计工作,简称 CAD。在工程和产品设计中,计算机可以帮助设计人员担负计算、信息存储和制图等工作。在设计中通常要用计算机对不同方案进行大量的计算、分析和比较,以决定最佳方案;各种设计信息,不论是数字的、文字的还是图形的,都能存放在计算机的内存或外存里,并能快速地检索;设计人员通常用草图开始设计,将草图变为工作图的繁重工作可以交给计算机完成;利用计算机可以进行图形的编辑、放大、缩小、平移和旋转等有关的图形数据加工工作。

3. 商业领域

在商业和公共服务中,多媒体将扮演一个重要的角色。互动多媒体正越来越多地承担着向客户、职员和大众发布信息的任务。它以一种新方式来进行教学、传达信息和售卖等活动,同时还能提高机构效率和使用乐趣。商业领域的多媒体应用包括演示、培训、营销、广告、产品演示和网络通信等。

4. 家庭娱乐

像电视机、录像机、音响等设备进入家庭一样,数码照相机、数码摄像机、MP3 播放器等多媒体数码产品已经成为现代家庭的生活必需品。多媒体产品的娱乐、通信、互联等功能也越来越强。目前,业界提出了一种"云家庭"的概念,"云家庭"通过以家庭为单位的云网端解决方案,帮助用户实现了以智能"云电视"为中心的计算机、手机、家用电器间的互联、操控、交互,为用户带来新颖别致、充满乐趣的"云生活"体验。不久的将来,能与手机、计算机互联的云电视会走入千家万户,打造出家庭多媒体娱乐中心。

5. 虚拟现实

虚拟现实是一项与多媒体技术密切相关的边缘技术,它通过综合应用计算机图像处理、模拟与仿真、传感技术、显示系统等技术和设备,以模拟仿真的方式,给用户提供一个真实反映操作对象变化与相互作用的三维图像环境,从而构成虚拟世界,并通过特殊设备(如头盔和数据手套)提供给用户一个与该虚拟世界相互作用的三维交互式

用户界面。

6. 公共场所

在旅馆、火车站、购物超市、图书馆、博物馆等公共场所,多媒体已经作为独立的终端或查询系统为人们提供信息或帮助,还可以与手机、PDA、PAD 等无线设备进行连接。

1.4.3　多媒体技术的发展趋势

目前,多媒体技术主要向以下五个方向发展:

1. 标准化

为在一定的范围内获得最佳秩序,对实际的或潜在的问题制定共同的和重复使用的规则的活动,称为标准化。它包括制定、发布及实施标准的过程。多媒体技术的标准化有利于多媒体信息交换和资源管理,进一步研究和制定多媒体标准,将有利于产品的规范,从而突破单一行业的限制,实现多媒体信息交换标准化和产品生产产业化。

2. 智能化

多媒体智能化是指让计算机具有模拟人的感觉和思维过程的能力,具有解决问题、逻辑推理、知识处理和知识库管理的功能等。人与计算机的联系是通过智能接口,用文字、声音、图像等与计算机进行自然交流。目前,智能化的研究领域很多,其中最有代表性的领域是专家系统和机器人,已研制出各种"机器人",有的能代替人劳动,有的能与人下棋,有的则代替人从事危险环境的劳动等。智能化使计算机突破了"计算"这一初级的含义,从本质上扩充了计算机的能力,可以越来越多地代替人类脑力劳动。例如,运算速度为每秒约十亿次的"深蓝"计算机在 1997 年战胜了国际象棋世界冠军卡斯帕罗夫。

3. 合作化

多媒体技术与相关技术的结合,将进一步提供完善的人机交互环境,使它的应用领域进一步扩大。

4. 网络化

技术的创新和发展将使诸如服务器、路由器、转换器等网络设备的性能越来越高,包括用户端 CPU、内存、图形卡等在内的硬件能力空前扩展,人们将受益于无限的计算和充裕的带宽,它使网络应用者改变以往被动地接受处理信息的状态,并以更加积极主动的姿态去参与眼前的网络虚拟世界。

多媒体技术的发展将使多媒体计算机形成更完善的计算机支撑的协同工作环境,消除了空间距离的障碍,也消除了时间距离的障碍,为人类提供更完善的信息服务。

交互的、动态的多媒体技术能够在网络环境创建出更加生动逼真的二维与三维场景,人们还可以借助摄像等设备,将办公室和娱乐工具集合在终端多媒体计算机上,可在世界任一角落与千里之外的同行在实时视频会议上进行市场讨论、产品设计,欣赏高质量的图像画面。新一代用户界面(UI)与人工智能(Artificial Intelligence)等网络化、人性化、个性化的多媒体软件的应用还可使不同国籍、不同文化背景和不同文化程度的人们通过"人机对话",消除他们之间的隔阂,自由地沟通与了解。

5. 虚拟化

虚拟现实技术的继续研究,将能使用计算机生成一个集成视觉、听觉甚至嗅觉和触觉的虚拟世界,使人得到逼真的体验。它将被广泛应用于模拟训练、科学研究、娱乐等领域。它的主要特征有:多感知性(Multi-Sensory)、浸没感(Immersion)、交互性(Interactivity)、构想性(Imagination)。

6. 嵌入化

目前多媒体计算机硬件体系结构、多媒体计算机的视频和音频接口软件不断改进,尤其是采用了硬件体系结构设计和软件、算法相结合的方案,使多媒体计算机的性能指标进一步提高,但要满足多媒体网络化环境的要求,还需对软件做进一步的开发和研究,使多媒体终端设备具有更高的嵌入化和智能化,对多媒体终端增加如文字的识别和输入、汉语语音的识别和输入、自然语言理解和机器翻译、图形的识别和理解、机器人视觉和计算机视觉等智能。

嵌入式多媒体系统可应用于人们生活与工作的各个方面:在工业控制和商业管理领域,如智能工控设备、POS/ATM 机、IC 卡等;在家庭领域,如数字机顶盒、数字式电视、WebTV、网络冰箱、网络空调等消费类电子产品。此外,嵌入式多媒体系统还在医疗类电子设备、多媒体手机、掌上电脑、车载导航器、娱乐、军事等领域有着巨大的应用前景。

总之,将来的多媒体技术将会具有更好的交互性和智能化,能在更大的范围内进行信息存取,为提高人类的生活质量提供更大的帮助。

本章小结

现代多媒体计算机技术的发展是人类 20 世纪最伟大的发明之一,它提供了一条把科学和艺术相结合的道路。它将音乐、声音、视频等组合起来,创造出无限神奇的效果,给人们带来无与伦比的感官上的享受。

本章主要介绍了多媒体技术领域的一些基础知识,包括多媒体及多媒体技术的概念和特点、多媒体技术的发展、多媒体的关键技术、多媒体技术的发展历程、应用领域以及发展趋势。充分了解和掌握以上这些知识,将为今后多媒体课程的学习奠定良好的基础。

习 题

1. 什么是媒体和多媒体技术？
2. 试述多媒体技术的特点。
3. 多媒体计算机的主要关键技术有哪些？各有什么作用？
4. 简述多媒体的应用领域。
5. 简述多媒体技术的发展趋势。
6. 在 Windows 中有哪些多媒体功能？请举例说明。
7. 试列举几种常见多媒体设备。
8. 什么是数据压缩？它的作用是什么？数据压缩的对象有哪些？
9. 数据压缩的分类有哪些？
10. 数据压缩的性能指标是什么？
11. 什么是虚拟现实？
12. 虚拟现实技术有哪些重要特征？

第 2 章

多媒体计算机系统

多媒体计算机系统是指能对文字、声音、图形、图像、视频等多媒体进行处理的计算机系统,即具有多媒体功能的计算机系统,由硬件系统和软件系统两部分组成。硬件系统的核心是一台高性能的计算机系统,外部设备主要由能够处理音频和视频的存储设备组成。软件系统包括多媒体操作系统与应用系统。

2.1 多媒体计算机系统

多媒体计算机系统的硬件系统主要包括计算机、多媒体外部设备以及连接外部设备的控制接口卡;软件系统指管理计算机系统资源、控制计算机运行的程序、指令和数据,以及相关的说明书、操作手册、用户指南等文档,包括多媒体系统软件(多媒体驱动程序和多媒体操作系统)、多媒体支持软件和多媒体应用软件。多媒体计算机系统的逻辑结构如图 2-1 所示。

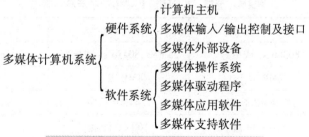

图 2-1　多媒体计算机系统的逻辑结构

多媒体计算机系统具有以下三个基本特征:

① 高度的集成性,即能高度地综合集成各种媒体信息,使得各种多媒体设备能够

相互协调地工作。

② 良好的交互性,即用户能够根据自己的意愿很方便地调度各种媒体数据和使用各种媒体设备。

③ 多样性,是相对于计算机而言的,是指信息媒体的多样性,又称为多维化。

2.1.1　多媒体硬件系统

多媒体计算机硬件系统包括主机、I/O 及接口装置等。整个多媒体计算机系统的硬件主要包括以下几个部分:

1. 主机

由 CPU、主板、存储器、内存、I/O、显卡等构成。

2. 外部存储器

主要由磁盘存储器(软盘、硬盘)、光盘(CD、DVD、HD-DVD)、半导体闪存等构成。

3. 输入设备

包括常规输入设备(如键盘、鼠标和触摸屏等)、音频输入设备(如麦克风、电子乐器等)、视频输入设备(如摄像机等)、图形输入设备(如数码相机、扫描仪等)。

4. 输出设备

包括常规输出设备(如显示器、打印机等)、音频输出设备(如耳机、音箱等)、视频输出设备(如录像机、电视机、投影仪等)、图形输出设备(如投影仪、绘图仪等)。

5. 接口

包括音/视频接口、图形接口、网络接口等。

多媒体个人计算机市场协会(Multimedia PC Marketing Council)分别在 1990 年、1993 年、1995 年制定了 MPC-Ⅰ、MPC-Ⅱ 和 MPC-Ⅲ标准,具体内容如表 1-1 所示。

表 1-1　MPC-Ⅰ、MPC-Ⅱ、MPC-Ⅲ要点比较

内　容	MPC-Ⅰ标准	MPC-Ⅱ标准	MPC-Ⅲ标准
CPU	80386 sx 或更好	25MHz,80486 sx 或更好	Pentium 75MHz 或更好
RAM	2MB 以上	4MB 以上	8MB 以上
软盘	1.44MB 软驱	1.44MB 软驱	1.44MB 软驱
硬盘	30MB 硬盘	160MB 硬盘	540MB 硬盘
CD-ROM 驱动器	数据传输率 150KB/s(单速)	数据传输率 300KB/s(双速)	数据传输率 600KB/s(四速)

续表

内　容	MPC-Ⅰ标准	MPC-Ⅱ标准	MPC-Ⅲ标准
声卡	8 位声音卡	16 位声音卡、MIDI 播放	16 位声音卡、波表合成技术、MIDI 播放
显卡	VGA、320×200	SVGA、640×480	真彩色、可进行颜色空间转换和缩放（DAC）
视频播放			播放 MPEG1 视频
I/O	MIDI、游戏杆、串口、并口	MIDI、游戏杆、串口、并口	MIDI、游戏杆、串口、并口
系统软件	Windows 3.1 及以上	Windows 3.1 及以上	Windows 3.1 及以上

2.1.2　多媒体软件系统

多媒体计算机软件用于对硬件系统进行管理、组织和控制，以方便用户使用多媒体系统。按功能可分为多媒体系统软件、多媒体支持软件和多媒体应用软件。多媒体系统软件包括多媒体驱动程序和多媒体操作系统等。多媒体支持软件是指用于获取、编辑和处理多媒体信息，编制多媒体应用软件的一系列工具软件，包括多媒体素材制作工具、多媒体创作工具和多媒体编程语言等。多媒体应用软件是指由开发人员用多媒体创作工具或编程语言编制的面向最终用户的多媒体产品。具体结构如图 2-2 所示。

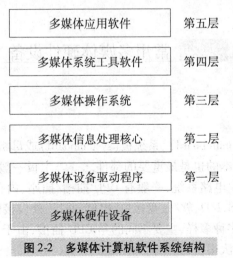

多媒体应用软件	第五层
多媒体系统工具软件	第四层
多媒体操作系统	第三层
多媒体信息处理核心	第二层
多媒体设备驱动程序	第一层
多媒体硬件设备	

图 2-2　多媒体计算机软件系统结构

第一层是直接和多媒体底层硬件打交道的驱动程序,在系统初始化引导程序作用下把它安装到 RAM 中,常驻内存。

第二层是多媒体计算机的核心软件,即多媒体信息处理核心部分。它要完成的任务有:支持随机移动或扫描窗口下的运动及静止图像的处理和显示,为相关的音频和视频数据流的同步问题提供需要的实时任务调度等。

第三层是多媒体操作系统。多媒体操作系统就是具有多媒体功能的操作系统。除了一般的操作系统功能以外,多媒体操作系统必须具备对多媒体数据和多媒体设备的管理和控制功能,具有综合使用各种媒体的能力,能灵活地调度多种媒体数据并能进行相应的传输和处理,且使各种媒体硬件和谐工作。多媒体操作系统大致可分为两类:一类是为特定的交互式多媒体系统使用的多媒体操作;另一类是通用的多媒体操作系统,它们在通用操作系统的基础上增加了管理多媒体设备和数据的内容,为多媒体技术提供支持,成为多媒体操作系统。例如,目前流行的 Windows XP 等操作系统,主要适用于多媒体个人计算机。

第四层是多媒体系统工具软件,也称为多媒体创作工具软件,是用于方便开发者和用户编制多媒体应用程序的一类软件。它能够对文本、声音、图像、视频等多种媒体信息进行控制和管理,并按要求连接成完整的多媒体应用软件。多媒体创作工具大多数都具有可视化的创作界面,并具有直观、简便、可交互和无需编程、简单易学的特点。

第五层是多媒体应用软件。多媒体应用软件是根据多媒体系统终端用户要求而定制的应用软件或面向某一领域用户的应用软件系统,是面向大规模用户的系统产品,如 Windows 系统中的录音机、媒体播放器应用程序和用户开发的多媒体应用程序等。

2.2　常用多媒体硬件设备

2.2.1　主板

主板又叫主机板(mainboard)、系统板(systemboard)或母板(motherboard),它安装在机箱内,是微机最基本的也是最重要的部件之一。主板一般为矩形电路板,上面安装了组成计算机的主要电路系统,一般有 CPU 插槽/插座、内存插槽、扩展总线、高速缓存、BIOS 芯片、CMOS、I/O、软/硬盘接口、串口、并口、外设接口、控制芯片等元件。

目前主板的型号多种多样,主要不同的是 CPU 插槽,由于 CPU 不断地升级,而主板也在不断地更新,淘汰很快,其结构如图 2-3 所示。

图2-3　主板结构图

2.2.2　中央处理器

中央处理器(Central Processing Unit,CPU)是一台计算机的运算核心和控制核心,又称中央处理单元。它由控制器和运算器组成。其功能主要是解释计算机指令以及处理计算机软件中的数据。CPU 的生产商主要有 Intel 和 AMD 等公司,如图 2-4 所示。

CPU 的主要技术指标是字长和主频。字长是指 CPU 同时处理二进制数据的位数。字长越长,计算机的运算能力越强,精度越高。常见的字长有 8 位、16 位、32 位、64 位等,如某类计算机的 CPU 字长为 64 位,则相应的计算机称为 64 位

图2-4　CPU

机。主频也叫时钟频率,单位是 MHz 或 GHz,用来表示 CPU 的运算速度,一般来说,频率越高,计算机的运算速度越快。

2.2.3　存储器

存储器具有记忆功能,用来保存信息,如数据、指令和运算结果等。存储器可分为两种:内存储器(图 2-5)与外存储器(图 2-6)。

1. 内存储器(简称内存)

内存储器(Memory)也称主存储器(简称主存),它直接与 CPU 相连接,存储容量小,但存取速度快,用来存放当前运行程序的指令和数据,并直接与 CPU 交换信息。

内存一般由半导体器件构成。半导体存储器可分为随机存储器(RAM)和只读存储器(ROM)两种。

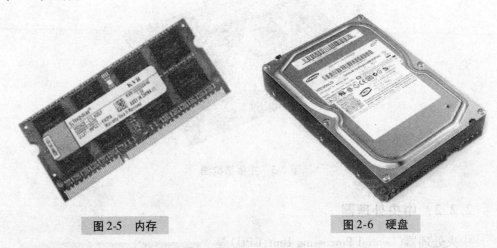

图2-5　内存　　　　　　　　　　　　　　　　　图2-6　硬盘

(1) RAM

RAM(Random Access Memory)是随机存储器,其特点是可以读写,存取任一单元所需的时间相同,通电时 RAM 中的内容可以保持,断电后,存储的内容立即消失。RAM 可分为动态随机存储器(Dynamic RAM,DRAM)和静态随机存储器(Static RAM,SRAM)两大类。所谓动态随机存储器 DRAM 是用 MOS 电路和电容来做存储元件的。由于电容会放电,所以需要定时充电以维持存储内存的正确,如每隔 2ms 刷新一次,因此称之为动态存储器。所谓静态随机存储器 SRAM 是用双极型电路或 MOS 电路的触发器来做存储元件的,它没有电容放电造成的刷新问题,只要有电源正常供电,触发器就能稳定地存储数据。DRAM 的特点是集成密度高,主要用于大容量存储器。SRAM 的特点是存取速度快,主要用于高速缓冲存储器(Cache,也称快存)。

(2) ROM

ROM(Read Only Memory)是只读存储器,它的特点是存储的信息只能读出,不能写入,断电后信息不会丢失。ROM 分为一次性写入 ROM、可编程 ROM(Programmable ROM,简称 PROM)、可擦除可编程 ROM(Erasable Programmable ROM,简称 EPROM)、电擦除可编程 ROM(Electrically Erasable Programmable ROM,简称 E^2PROM)。一次性写入 ROM 只能读出原有的内容,不能由用户再写入新内容。原来存储的内容是由厂家一次性写入的,并永久保存下来。EPROM 存储的内容可以通过紫外光照射来擦除,这使它的内容可以反复更改。

存储器的存储容量以字节为基本单位,每个字节都有自己的编号,称为"地址"。

如果访问存储器中的某个信息,就必须知道它的地址,然后再按地址存入或取出信息。

2. 外存储器(简称外存)

外储存器又称辅助存储器(简称辅存),它是内存的扩充。外存存储容量大,价格低,但存取速度慢,一般用来存放大量暂时不用的程序、数据和中间结果,需要时,可成批地和内存储器进行数据交换。计算机执行程序时,外存中的程序和相关数据必须先传送到内存,然后才能被 CPU 使用。常用的外存有磁盘、光盘、优盘和磁带等。

2.2.4 声卡

声卡(Sound Card)简称音频卡,它通过插入主板扩展槽中与主机相连或集成于主板内部。声卡的输入/输出接口可以与相应的输入/输出设备相连。声卡是多媒体计算机中最基本的组成部分,是实现声波/数字信号相互转换的一种硬件,如图 2-7 所示。

声卡的基本功能是将来自话筒、磁带、光盘的原始声音信号加以转换,输出到耳机、扬声器、扩音机等音响设备,或通过音

图 2-7 声卡

乐设备数字接口(MIDI)使乐器发出美妙的声音,常见的输入/输出设备包括耳麦、收录机、音箱和电子乐器等。

2.2.5 显示适配器

显示适配器(Video Adapter)简称显卡,是多媒体计算机最基本的组成部分之一。显卡的用途是将计算机系统所需要的显示信息进行转换驱动,并向显示器提供行扫描信号,控制显示器的正确显示,是连接显示器和个人计算机主板的重要元件,是"人机对话"的重要设备之一。显卡性能好坏、质量优劣,会直接影响对信息的理解与处理,从而影响操作的准确性。显卡的发展经历了从单色到彩色、由普通的显示接口卡到具有图形加速功能的显示接口等过程。显卡主要分为集成显卡和独立显卡。

显存的大小对显卡的分辨率、色彩数以及运行速度有很大影响:显存容量 = 垂直分辨率 × 水平分辨率 × 颜色位数。目前,显卡内存有 16MB、32MB、64MB、128MB、256MB、512MB 等。显卡内存的类型有 VRAM(Video RAM)、RDAM(Rambus DRAM)、SGRAM(Synchronous Graphics RAM)、WRAM(Windows RAM)和 DDR 内存等,如图 2-8 所示。

图 2-8　显卡

2.2.6　光盘存储器

自 20 世纪 70 年代光存储技术诞生以来,光盘存储器获得了迅速发展,形成了只读光盘、可刻录光盘、可擦写光盘三种类型的产品。

只读光盘就是将信息事先制作在光盘上,用户不能擦除,也不能写入,只能读出盘中的信息。现在 PC 机上广泛使用的 CD-ROM 光盘和 DVD-ROM 光盘就属于这一类。

可刻录光盘,它可以由用户自己将信息写入光盘,但写过后不能擦除和修改,只能在空白处追加写入。这种光盘主要供用户作为信息存档和备份之用,CD-R(CD-Recordable)光盘就属于此类,它可反复多次读取数据。

可擦写光盘,用户既可以对它写入信息,也可以对写入的信息进行擦除和改写,和使用磁盘一样。CD-RW(CD-Rewritable)光盘就属于这类光盘,它可多次写入和读出。

光盘存储器的成本较低,存储密度高,容量很大,还具有很高的可靠性,不容易损坏,在正常情况下是非常耐用的。即使有指纹或灰尘存在,数据仍然可以读出。光盘的表面介质也不容易受温度、湿度的影响,易于长期保存。光盘存储器的缺点是读出速度和数据传输速度比硬盘慢得多。

1. CD-ROM 存储器

CD(Compact Disc)是小型光盘的英文缩写,最早应用于数字音响领域,20 世纪 80 年代开始作为计算机外存储器使用。CD-ROM(只读式 CD 光盘)与其他 CD 光盘存储器一样,由光盘片(简称光盘)和光盘驱动器两个部分组成。

CD 光盘驱动器的性能指标之一是数据传输速度,它以第一代 CD-ROM 驱动器的传送速率(150KB/s)为单位,目前驱动器的速率多为 40 倍速(6MB/s)、48 倍速

(7.2MB/s)、52 倍速(7.8MB/s),甚至更高。

光驱与主机的接口有 IDE、E-IDE 和 SCSI 之分。目前所使用的光驱大多为 E-IDE 接口,它可以直接与主板连接。

2. CD-R

CD-R 叫做可刻录光盘,也叫光盘刻录机。它是一种写入后不能修改但允许反复多次读出的 CD 光盘存储器。其数据读出的原理与 CD-ROM 相同,因而 CD-R 盘片上刻录的数据既可以在 CD-R 刻录机中读出,也可以在普通的 CD-ROM 驱动器中读出。

3. CD-RW 存储器

CD-R 可刻录光盘的不足之处是写入数据后不允许改写,操作过程一旦有误则可能导致整个盘片报废。而 CD-RW 是一种可重复擦写型光盘存储器,它与 CD-R 在结构、工艺与成本方面均差别不大,且可使用 CD-R 盘片进行刻录,因此一经问世即迅速普及。目前,它已全面取代 CD-R 刻录光盘而成为市场的主流产品。

但 CD-RW 光盘存储器对盘片进行重写需要使用专用的 CD-RW 盘片,而且擦写次数有限。

4. DVD 存储器

DVD 的英文全名是 Digital Versatile Disk,即数字多用途光盘。DVD 不仅可以存储数字音像资料,而且可以作为计算机的外存储器。从 DVD 在娱乐行业的应用来分,它有两种不同的规格:一种是 DVD-Video(即通常所说的 DVD),用做家用影视光盘,类似 VCD;另一种是 DVD-Audio,它是音乐光盘,用途类似 CD 唱片。

从计算机存储器的角度来看,DVD 有下列三种不同的产品:

① DVD-ROM。DVD 只读光盘,用途类似于 CD-ROM。

② DVD-R(或称 DVD-Write-Once)。限写一次的 DVD,类似 CD-R。

③ DVD-RW(或称 DVD-Rewritable)。可多次读写的光盘,用途类似 CD-RW。

DVD 盘片与 CD 盘片的大小相同,直径约为 12cm(也有 8cm 的),可单面存储,也可双面存储,每一面可以是单层也可以是双层存储。因此,每张 DVD 光盘最多可有双面共 4 层的存储空间。

DVD 驱动器目前主要有两类:一类是专门用于播放 DVD 影碟的 DVD 影碟机,另一类是安装在 PC 机上使用的 DVD-ROM 驱动器。就驱动器而言,两者的结构和原理是一样的,与 CD 光盘驱动器也无本质的区别。驱动器中最关键的部件是激光头(简称光头)。由于 DVD 与 CD 使用的激光波长不同,为了使 DVD 向下兼容 CD 及 VCD,DVD 光头的设计比 CD 更复杂。

2.2.7 显示器

显示器也称为监视器,是计算机必不可少的一种图文输出设备,其作用是将数字信号转换为光信号,最终将文字与图形显示出来。它的发展由小到大,由单色到彩色,分辨率由低到高,由直接操作到间接操作。

显示器按器件分类主要有三类:CRT 显示器(图 2-9)、LCD 显示器(图 2-10)和LED 显示器(图 2-11)。CRT 显示器由显像管及相关的控制电路构成。LCD 显示器是借助液晶对光线进行调制而显示图像的一种显示器。LED 显示屏(LED Panel)是一种通过控制半导体发光二极管的显示方式,用来显示文字、图形、图像、动画、音频、视频、录像信号等各种信息的显示屏幕。

图 2-9　CRT(阴极射线管)显示器

图 2-10　LCD(液晶)显示器

图 2-11　LED 显示器

显示器的主要性能参数包括:

（1）显示器尺寸

显示器屏幕的大小是以显示屏的对角线长度来度量的，目前常用的显示器有15英寸、17英寸、19英寸、21英寸、23英寸等。

（2）显示器分辨率

分辨率是衡量显示器的一个重要指标，它指的是整屏可显示像素的多少，一般用水平点数×垂直点数来表示，如 1024×768dpi、1280×1024dpi 等。分辨率越高，显示在屏幕上图像的质量也越高。

（3）显示器点距

显示器点距是指屏幕上荧光点间的距离。现有的规格有：0.20mm、0.25mm、0.26mm、0.28mm、0.31mm 等。点距越小，图像显示越清晰，其价格也就越高。

（4）刷新频率

刷新频率指所显示的图像每秒钟更新的次数。刷新频率越高，图像的稳定性就越好。液晶显示器的刷新频率为 60Hz。

（5）可显示颜色数目

一个像素可显示出多少颜色，由表示这个像素的二进位位数决定。彩色显示器的彩色是由三个基色 R、G、B 合成而得到的，因此 R、G、B 三个基色的二进位位数之和决定了可显示颜色的数目。例如，R、G、B 分别用 8 位表示，则它就有 $2^{24} \approx 1680$ 万种不同的颜色。

（6）显示比例

传统显示器的水平方向与垂直方向之比采用 4∶3 的比例，但随着人们对显示效果的不断追求，16∶9 与 16∶10 的宽屏显示器逐渐成为主流。

2.2.8 触摸屏

触控屏（Touch Panel）又称为触控面板，是个可接收触头等输入信号的感应式液晶显示装置，当接触了屏幕上的图形按钮时，屏幕上的触觉反馈系统可根据预先编程的程式驱动各种连接装置，可用来取代机械式的按钮面板，并借由液晶显示画面制造出生动的影音效果。

按照触摸屏的工作原理和传输信息的介质，我们把触摸屏分为四种，它们分别为电阻式、电容感应式、红外线式以及表面声波式。目前触摸屏已经广泛地应用于手机、PDA、GPS、MP3、平板电脑（Tablet PC）等大众消费电子领域，凭借操作简单、便捷，触摸屏已经成为人机互动的最佳界面，并被迅速普及，具体产品如图 2-12 和图 2-13 所示。

图 2-12　图书馆触摸屏　　　　图 2-13　手机触摸屏

2.2.9　扫描仪

扫描仪(Scanner)是一种计算机外部仪器设备,通过捕获图像并将之转换成计算机可以显示、编辑、存储和输出的数字化输入设备,是继键盘和鼠标之后的第三代计算机输入设备。扫描仪具有比键盘和鼠标更强的功能,对照片、文本页面、图纸、美术图画、照相底片、菲林软片,甚至纺织品、标牌、印制板样品等三维对象都可用扫描仪输入到计算机中,进而实现对这些图像形式的信息的处理、管理、使用、存储、输出等,配合光学字符识别软件 OCR(Optic Character Recognize)还能将扫描的文稿转换成计算机的文本形式,如图 2-14 所示。

图 2-14　扫描仪

扫描仪的工作原理如下:自然界的每一种物体都会吸收特定的光波,而没被吸收的光波就会反射出去。扫描仪就是利用上述原理来完成对稿件的读取。扫描仪工作时发出的强光照射在稿件上,没有被吸收的光线将被反射到光感应器上。光感应器接收到这些信号后,将这些信号传送到数模(D/A)转换器,数模转换器再将其转换成计算机能读取的信号,然后通过驱动程序转换成显示器上能看到的正确图像。待扫描的稿件通常可分为:反射稿和透射稿。前者泛指一般的不透明文件,如报刊、杂志等,后者包括幻灯片(正片)或底片(负片)。如果经常需要扫描透射稿,就必须选择具有光罩(光板)功能的扫描仪。

按照扫描仪的结构来分,扫描仪可分为手持式、平板式、胶片式和滚筒式等几种。

扫描仪的主要技术指标包括:

(1) 分辨率

分辨率是扫描仪最主要的技术指标,它表示扫描仪对图像细节的表现能力,即决定了扫描仪所记录图像的细致度,通常用每英寸扫描图像所含有像素点的个数来表示,其单位为 dpi(dots per inch)。目前,大多数扫描的分辨率在 300~2400dpi 之间。dpi 数值越大,扫描的分辨率越高,扫描图像的品质越好,但这是有限度的。当分辨率大于某一特定值时,只会使图像文件增大而不易处理,并不能对图像质量产生显著的改善。对于印刷应用而言,扫描到 6000dpi 就已经足够了。

(2) 灰度级

灰度级表示图像的亮度层次范围。级数越多,扫描仪的图像亮度范围越大、层次越丰富,目前多数扫描仪的灰度为 256 级。256 级灰阶可以呈现出比肉眼所能辨识出来的层次还多的灰阶层次。

(3) 色彩数

色彩数表示彩色扫描仪所能产生颜色的范围,通常用表示每个像素点颜色的数据位数即比特位(bit)表示。所谓 bit 就是计算机最小的存储单位,以 0 或 1 来表示比特位的值,越多的比特位数可以表现越复杂的图像资讯。例如,常说的真彩色图像指的是每个像素点由三个 8 比特位的彩色通道所组成,即用 24 位二进制数表示的,红绿蓝通道结合可以产生 $2^{24} \approx 1680$ 万种颜色的组合,色彩数越多,扫描图像越鲜艳越真实。

(4) 扫描速度

扫描速度有多种表示方法,因为扫描速度与分辨率、内存容量、软盘存取速度以及显示时间、图像大小有关,通常用指定的分辨率和图像尺寸下的扫描时间来表示。

(5) 扫描幅面

指允许被扫描原稿的最大尺寸,如 A4、A3、A1、A0 等。

(6) 与主机的接口

如 SCSI 接口、USB 接口和最新的 Firewire 接口。

2.2.10 数码相机

数码相机(Digital Camera,DC)是一种利用电子传感器将光学影像转换成电子数据的照相机。与传统照相机相比,它不需要胶卷和暗房,能直接将照片以数字形式刻录下来,并输入电脑进行处理。

数码相机的镜头和快门与传统相机基本相同,不同之处在于它不使用光敏卤化银胶片成像,而是将影像聚焦在成像芯片(CCD 或 CMOS)上,并由成像芯片转换成电信号,再经模数转换(A/D 转换)变成数字图像,经过必要的图像处理和数据压缩之后,存储在相机内部的存储器中。整个过程不到 1s,其中成像芯片是数码相机的核心。图 2-15 所示是数码相机的成像过程。

图 2-15 数码相机的成像过程

CCD 像素是数码相机的一个至关重要的性能指标。CCD 像素越高,图像的质量也就越好。

数码相机按用途可分为单反相机、卡片相机、长焦相机和家用相机等。单反数码相机就是指单镜头反光数码相机,此类相机一般体积较大,比较重,成像效果极佳,如图 2-16 所示。卡片相机在业界内没有明确的概念,那些小巧的外形、相对较轻的机身以及超薄时尚的设计是衡量此类数码相机的主要标准,如图 2-17 所示。长焦数码相机指的是具有较大光学变焦倍数的机型,而光学变焦倍数越大,能拍摄的景物就越远。

图 2-16 单反相机

图 2-17 卡片相机

2.2.11　打印机

打印机(Printer)是计算机常见的输出设备之一。打印机的主要性能参数有三项：打印分辨率、打印速度和噪声。

目前使用比较广泛的打印机有针式打印机、激光打印机和喷墨打印机三种。

1. 针式打印机

针式打印机(图 2-18)是一种击打式打印机，它的主要部件是打印头，打印头安装了若干根钢针，有 9 针、16 针和 24 针等几种。打印头按击针方式可分为螺管式、拍合式、储能式和压电式。

针式打印机是通过打印头中的针击打复写纸，从而形成字体，在使用中，用户可以根据需求来选择多联纸张，一般常用的多联纸有 2 联、3 联、4 联纸，其中也有使用 6 联

图 2-18　针式打印机

的打印机纸。多联纸一次性打印只有针式打印机才能快速完成，喷墨打印机、激光打印机无法实现多联纸打印。

针式打印在过去很长一段时间内被广泛应用，但由于打印质量不高、工作噪声大，现已被淘汰出办公和家用打印机市场。但它使用的耗材成本低，能多层套打以及独特的平推式进纸技术，在打印存折和票据方面，具有其他种类打印机所不具有的优势，在银行、证券、邮电、商业等领域还有着不可替代的地位。

2. 喷墨打印机

喷墨打印机(图 2-19)是在针式打印机之后发展起来的，采用非击打的工作方式。比较突出的优点是体积小、操作简单方便、打印噪音低、使用专用纸张时可以打出和照片相媲美的图片等。

喷墨打印机按工作原理可分为固体喷墨和液体喷墨两种。

3. 激光打印机

激光打印机(图 2-20)始于 20 世纪 80 年代末的激光照排技术，流行于 20 世纪 90 年代中

图 2-19　喷墨打印机

期。它是将激光扫描技术和电子照相技术相
结合的打印输出设备。其基本工作原理是由
计算机传来的二进制数据信息,通过视频控制
器转换成视频信号,再由视频接口/控制系统
将视频信号转换为激光驱动信号,然后由激光
扫描系统产生载有字符信息的激光束,最后由
电子照相系统使激光束成像并转印到纸上。
较其他打印设备,激光打印机有速度高、质量
高、噪声低、价格高等特点。

图 2-20　激光打印机

激光打印机多半使用并行接口或 USB 接
口,一般高速激光打印机则使用 SCSI 接口。

激光打印分为黑白和彩色两种:低速黑白激光打印机的价格目前已经降至普通用
户可接受的水平;而彩色激光打印机的价格很高,适合专业用户使用。

4.打印机的性能指标

打印机的性能指标主要有打印精度、打印速度、色彩数目等。

(1)打印精度

打印精度即打印机的分辨率,它用 dpi(每英寸可打印的点数)来表示,是衡量图
像清晰程度最重要的指标。针式打印机的分辨率一般只有 180dpi,激光打印机的分辨
率一般可达 300～360dpi 以上。

(2)打印速度

针式打印机的打印速度用 CPS(每秒打印的字符数目)来衡量,一般为 100～
200CPS。激光打印机和喷墨打印机有一种页式打印机,它们的速度单位是每分钟打
印多少页纸(PPM),家庭用的低速打印机大约为 4PPM,办公使用的高速激光打印机
速度可达到 10PPM 以上。

(3)色彩数目

这是指打印机可打印的不同彩色的总数。对于喷墨打印来说,最初只使用 3 色墨
盒,色彩效果不佳。后来改用青、黄、洋红、黑 4 色墨盒,虽然有很大改善,但与专业要
求相比还是不太理想。于是又加上了淡青和淡洋红两种颜色,以改善浅色区域的效
果,从而使喷墨打印机的输出有着更强的色彩表现能力。

2.2.12　投影仪

投影仪(Projector)也称视频投影机或投影机,是可通过不同的接口与计算机、
VCD、DVD、游戏机、DV 相连播放相应的视频信号的设备。投影仪可以播放静态的图

像或动态的视频,有些投影仪还自带了音响,具有输出声音的功能。投影仪一般配有一定尺寸的大幕布,要输出的显示信息通过投影仪投影到大幕布上。作为计算机外部设备的延伸,投影仪已被广泛用于教学、娱乐、广告展示、会议、旅游、办公室和家庭等场所,如图 2-21 所示。

图 2-21　投影仪

投影仪按使用方式可分为台式投影仪、便携式投影仪、落地式投影仪、反射式投影仪、透射式投影仪、单一功能投影仪、多功能投影仪等。

2.3　常用多媒体软件

2.3.1　多媒体素材制作软件

多媒体素材是指多媒体课件以及多媒体相关工程设计中所用到的各种听觉和视觉工具材料。它包括文本、图形、图像、动画、视频、音频等。

多媒体素材的收集和准备工作,是多媒体 CAI 制作过程中一个关键的环节,也是制作高水平的多媒体 CAI 的必要前提条件。例如,图形、图像、动画和视频交由美术人员完成,音乐、语音、音效由音乐制作人员完成等。因此,讨论多媒体 CAI 制作中的素材收集的方法就具有非常重要的现实意义。

1. 多媒体素材的收集

（1）文字素材的收集

文字作为最基本的传播工具,在多媒体 CAI 软件中具有不可取代的地位。在计算机屏幕上呈现文字,除了字形、大小、颜色、样式等需要配合外,还可利用艺术字、变形字、阴影等使文字产生特殊的效果,常用的中文文字编辑软件主要有微软公司的 Word、金山公司的 WPS 和永中 Office 等。

（2）图形、图像资料的收集

图形图像是多媒体 CAI 软件中的一个重要的组成要素,收集的方法是多种多样的。

① 图形绘制。为了使 CAI 软件表现出独特的风格,大多数情况下需要利用计算机绘图软件绘制出各种界面的图形、背景等。根据内容的需要创作人员可随意地进行创

作,因此表现方式更为丰富。通常使用的绘图软件有:Photoshop、CorelDraw、画图等。

对于印刷物品上的图形和图像资料,如书本上的图表、物体的照片,可以利用扫描仪将其转换为可供使用的位图。

② 利用数码相机翻拍或者通过图像采集卡进行采集。

③ 利用抓图软件进行收集。例如,对计算机软件操作的窗口界面进行截屏。

（3）视频影像资料的收集

视频影像具有时序性与丰富的信息内容,占用大量的存储空间。收集的方法有以下几种:

① 用数码摄像机直接进行录制。

② 用视频采集卡从相关设备中进行捕获,如磁带、VCD 等。

③ 用视频处理软件直接进行录制。

（4）声音的收集

音频素材的主要类型有:音乐类、音效声、语音（Speech）等。音乐应该是通过有组织的声音所塑造的听觉形象来表达创作者的思想感情,反映社会现实生活,使欣赏者在得到美的享受的同时也潜移默化地受到熏陶的一种艺术。音效就是指由声音所制造的效果。所谓的声音则包括了乐音及效果音。语音就是人类调节呼吸器官所产生的气流通过发音器官发出的声音。

多媒体 CAI 中,声音以解说、音乐和音效三种形式存在着。它主要起向学习者呈现信息内容、吸引学习者、保持学习者的注意力、补充屏幕上显示的视觉信息的作用。由于声音形式及来源比较简单,因此声音的收集相对来说也比较简单,主要有以下几种方法:

① 直接利用声音素材库。

② 利用声卡及软件进行录制。

③ 利用音乐软件进行创作。

2. 制作多媒体素材的常用软件

格式与所使用的压缩算法有关,打开和制作的软件也是和压缩算法相联系的。下面介绍几种典型的制作多媒体素材的软件。

（1）文字编辑软件

常用的文字编辑软件有 Word、WPS 等,它们都是功能强大的应用软件,集成了拼音检查、制表、简历、词典以及模板等功能。

（2）图像处理软件

常用的位图图像处理软件有画图、Photoshop、Fireworks 等,矢量图像处理软件有CorelDraw、Adobe Flash 等。

（3）音频处理软件

常用的音频处理软件有 Windows 录音机、CoolEdit、Winamp、豪杰超级解霸、Adobe Audion 等。

（4）动画制作软件

动画由一系列快速播放的位图或矢量图构成。常用的动画制作软件有 Gif Animator、Flash、Director、3D MAX 等。

（5）视频处理软件

常用的视频编辑软件有 Adobe Premiere、会声会影等，它们都是功能强大和性能优良的视频编辑软件，而且操作简单，界面友好。

（6）课件制作软件

常见的课件制作软件有几何画板、PowerPoint、Adobe Authorware 等。

2.3.2 多媒体播放软件

1. 暴风影音

暴风影音是暴风网际公司推出的一款视频播放器，该播放器兼容大多数的视频和音频格式。其工作界面如图 2-22 所示。

图2-22 暴风影音工作界面

2. PPS 影音

PPS（全称 PPStream）是目前全球最大的 P2P 视频服务运营商，也是全球第一家集 P2P 直播、点播于一身的网络电视软件，能够在线收看电影、电视剧、体育直播、游戏竞技、动漫、综艺、新闻、财经资讯等。其工作界面如图 2-23 所示。

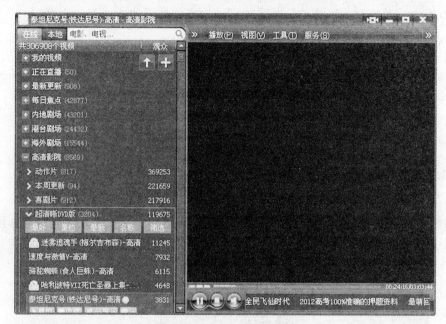

图 2-23　PPS 影音工作界面

3. Windows Media Player

Windows Media Player 是由微软公司出品、Windows 系统自带的一款播放器，通常简称为 WMP，可以通过插件来增强功能。其工作界面如图 2-24 所示。

4. 千千静听

千千静听是一款完全免费的音乐播放软件，集播放、音效、转换、歌词等众多功能于一身。其小巧精致、操作简捷、功能强大的特点，深得用户喜爱，被网友评为十大优秀软件之一，并且成为目前国内最受欢迎的音乐播放软件。其工作界面如图 2-25 所示。

图 2-24　Windows Media Player 工作界面

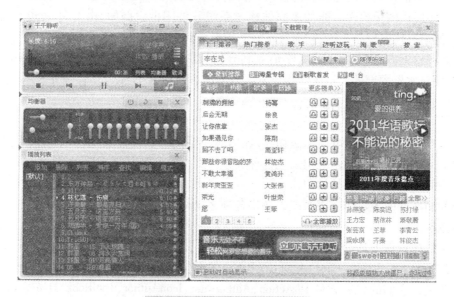

图 2-25　千千静听工作界面

2.3.3　多媒体数据库和基于内容检索的应用

多媒体数据库可以用关系数据库来扩充,也可以用面向对象数据库实现多媒体的描述或直接用超文本、超媒体模型来实现。多媒体数据库应支持文字、文本、图形、图像、视频、声音等多媒体的集成管理和综合描述,支持同一媒体的多种表现形式,支持复杂媒体的表示和处理,能对多种媒体进行查询和检索。多媒体数据库有非常广阔的应用领域,能给人们带来极大的方便。但目前的难点在于查询和检索,尤其是对图像、语音基于内部的查询和检索,有很多人正在研究这一难题。随着研究的深入,多媒体数据库将逐步向前推进,并走向实用化。

多媒体信息检索技术的应用使多媒体信息检索系统、多媒体数据库,可视信息系统、多媒体信息自动获取和索引系统等应用逐渐变为现实。基于内容的图像检索、文本检索系统已成为近年来多媒体信息检索领域中最为活跃的研究课题。基于内容的图像检索是根据其可视特征,包括颜色、纹理、形状、位置、运动、大小等,从图像库中检索出与查询描述的图像内容相似的图像。利用图像可视特征索引,可以大大提高图像检索系统的检索能力。

随着多媒体技术的迅速普及,Web 上将出现大量的多媒体信息。例如,在遥感、医疗、安全、商业等部门中每天都不断产生大量的图像信息。这些信息的有效组织管理和检索都依赖基于图像内容的检索。目前,这方面的研究已引起了广泛的重视,并已有一些提供图像检索功能的多媒体检索系统软件问世。例如,由 IBM 公司开发的 QBIC 是最有代表性的系统,它通过友好的图形界面为用户提供了颜色、纹理、草图、形状等多种检索方法;美国加州大学伯克利分校与加州水资源部合作进行了 Chabot 计划,以便对水资源部的大量图像提供基于内容的有效检索手段。

2.3.4　多媒体创作工具

多媒体创作工具是电子出版物、多媒体应用系统的软件开发工具,它提供组织和编辑电子出版物和多媒体应用系统各种成分所需要的重要框架,包括图形、动画、声音和视频的剪辑。制作工具的用途是建立具有交互式的用户界面,在屏幕上演示电子出版物和制作好的多媒体应用系统以及将各种多媒体成分集成为一个完整而有内在联系的系统。

多媒体创作工具可以分为:基于时间的创作工具、基于图符(Icon)或流线(Line)的创作工具、基于卡片(Card)和页面(Page)的创作工具和以传统程序语言为基础的创作工具。它们的代表软件是 Action、Authorware、IconAuthor、ToolBook、Hypercard、北大方正开发的方正奥斯和清华大学开发的 Ark 创作系统。

在多媒体创作中,还必须借助一些用于文本、音/视频及图像处理软件系统。对于不同的媒体素材,采用的软件也不同。

用多媒体创作工具可以制作各种电子出版物及各种教材、参考书、导游和地图、医药卫生、商业手册及游戏娱乐节目,主要包括多媒体应用系统,演示系统或信息查询系统,培训和教育系统,娱乐、视频动画及广告,专用多媒体应用系统,领导决策辅助系统,饭店信息查询系统,导游系统,歌舞厅点歌结算系统,商店导购系统,生产商业实时监测系统以及证券交易实时查询系统等。

本章小结

多媒体计算机系统是指能把视、听和计算机交互式控制结合起来,对音/视频信号的获取、生成、存储、处理、回收和传输综合数字化的一个完整的计算机系统。随着信息化的加速和网络技术的进一步发展,多媒体技术将进一步发展,成为人们生活和工作不可分割的一部分,为人类的发展作出不可磨灭的贡献。

本章主要介绍了多媒体计算机系统、常用多媒体硬件设备和常用多媒体软件。多媒体硬件系统主要包括计算机的基本配置和各种外部设备以及各种设备的控制接口卡,同时对常用硬件的性能和技术指标作了一些介绍;多媒体软件系统包括多媒体驱动程序、多媒体操作系统、多媒体数据处理软件、多媒体创作工具和多媒体应用软件。

习 题

1. 简述多媒体计算机的结构。
2. 常见的多媒体设备有哪些?各有何功能?
3. MPC-Ⅰ、MPC-Ⅱ、MPC-Ⅲ标准有什么不同?
4. 打印机的性能指标有哪些?
5. 数码相机按用途可分为哪几类?各有什么特点?
6. 简述存储器的分类。
7. 简述扫描仪的作用和主要技术指标的含义。
8. 简述数码相机的作用和主要技术指标的含义。
9. 简述显卡的主要作用。
10. 简述触摸屏的作用。

第3章

音频处理技术

声音在自然界中随处可以听到,人类从外部世界获取的信息中,大约有 10% 是通过听觉获得的,如人的语音、乐器声、风声、雨声、雷声、动物的叫声、火车的汽笛声等,它是信息传递的一种最自然、最便捷的方式。对于多媒体技术而言,声音处理技术是其核心处理技术之一。

3.1　声音的基本概念

3.1.1　声音的概念与基本参数

由于机械振动而产生一种周期性的连续的波,称为声波,声波具有反射、折射和衍射现象。产生声波的物体称为声源,它的振动使周围气压发生高低变化,并以波的形式进行传播。

带宽为 20Hz ~ 20kHz 的声音信号称为音频(Audio)信号,可以被人的耳朵感知。从物理学上看,声音信号是由许多频率不同的分量信号组成的复合信号。复合信号的频率范围称为带宽。声音的质量与声音的带宽有关,一般来说,频率范围越宽,声音的质量也就越高。常见的声音的带宽如表 3-1 所示。

表 3-1　常见声音的带宽

声音类型	带宽	声音类型	带宽
电话语音	200Hz ~ 3.4kHz	调频广播	20Hz ~ 15kHz
调幅广播	50Hz ~ 7kHz	CD	20Hz ~ 20kHz

声波有两个重要的参数:频率和振幅。

（1）频率

声源每秒钟可产生成百上千个波峰，每秒钟波峰所发生的数目就是音频信号的频率，频率的单位是赫兹（Hz），声音的频率体现音调的高低。频率的倒数是周期，单位为秒（s）。

（2）振幅

音频信号的幅度是从信号的基线到当前波峰的距离，描述空气压强的高低变化，单位为分贝（dB）。幅度决定了信号变量的强弱程度，幅度越大，声音越强。人可接受的音量范围是 0 ~ 120dB。

声波是在时间和幅度上都连续变化的量，所以声音信号是模拟信号，可以用连续的波形来表示。

3.1.2　音频信号及分类

根据人们对声波的感知能力，我们将声波分为以下几个层次：

① 次声波（Subsonic）：频率小于 20Hz 的声音信号。

② 音频信号（Audio）：频率范围为 20Hz ~ 20kHz 的声音信号。

③ 超声波（Ultrasonic）：频率范围为 20kHz ~ 1GHz 的声音信号。

④ 特超声波（Special Ultrasonic）：频率范围为 1GHz ~ 10THz 的声音信号。

这些声音有许多共同的特性，也有它们各自的特性。计算机处理这些声音时，既要考虑它们的共性，也要利用它们的特性。

3.1.3　声音的基本特征

声音在物理上是以声波的形式存在的，声波的两个基本参数决定了声音信号具有音调、音强、音色三个基本特征。

1. 音调

音调又称音高，是人对声音频率的感觉，与声音的基本频率有关，频率快则音调高，频率慢则音调低。音调高的声音给人的感觉是轻、短、细，音调低的则让人感觉重、长、粗。

2. 音强

音强又称响度，指声音的强弱程度，取决于声音信号的振幅大小。一般来说，声波振动幅度越大则响度也越大。人耳对声音细节的分辨与音强有直接关系，在强度适中时人耳辨音才最灵敏。

3. 音色

音色与混入基音中的泛音有关。只有单一基本频率的声音信号，称为单音，一般

只能由专用电子设备产生。自然界的声音一般都属于复音,它由不同频率的声音信号复合而成。复音中的最基本的声音频率称为基音,是决定声调的基本要素。复音中还存在一些频率是基音频率若干倍的高次谐波分量,通常称为泛音。泛音中谐波的多少和强度决定了特定的声音音质和音色,谐波越丰富,音色就越有明亮感和穿透力。

3.2 常见的声音文件格式

在多媒体技术中,存储声音信息的常用文件格式主要有 WAV 文件、MIDI 文件、MP3 文件和 WMA 文件等。

1. WAV 格式

WAV 是微软公司开发的一种声音文件格式,也叫波形声音文件,是最早的数字音频格式,被 Windows 平台及其应用程序广泛支持。WAV 格式支持许多压缩算法,支持多种音频位数、采样频率和声道,与 CD 一样,采用 44.1kHz 的采样频率、16 位量化位数,对存储空间需求太大不便于交流和传播。

WAV 音频格式的优点包括:简单和编/解码(几乎直接存储来自模/数转换器的信号)、普遍的认同/支持以及无损耗存储。WAV 格式的主要缺点是存储文件比较大,1min 的 44kHz、16 位高保真立体声的 WAV 文件约占用 10MB 的硬盘空间,所以不适合长时间记录。

2. MIDI 格式

MIDI 是 Musical Instrument Digital Interface 的缩写,又称做乐器数字接口,是数字音乐/电子合成乐器的统一国际标准。它定义了计算机音乐程序、数字合成器及其他电子设备交换音乐信号的方式,规定了不同厂家的电子乐器与计算机连接的电缆和硬件及设备间数据传输的协议,可以模拟多种乐器的声音。MIDI 本身并不能发出声音,它只是一个协议,在 MIDI 文件中存储的是一些指令。将指令发送给声卡,由声卡按照指令将声音合成出来。

3. WMA 格式

WMA 的全称是 Windows Media Audio,是微软在互联网音频、视频领域的力作。WMA 格式是以减少数据流量但保持音质的方法来达到更高的压缩率目的的,其压缩率一般可以达到 1∶18。此外,WMA 还可以通过 DRM(Digital Rights Management)方案加入防止拷贝,或者加入限制播放时间和播放次数,甚至是播放机器的限制,可有力地防止盗版。

WMA 在压缩比和音质方面好于 MP3,支持多种音频压缩算法,支持多种音频位数、采样频率和声道,标准格式的 WAV 文件和 CD 格式一样,也是采用 44.1kHz 的采样频率、16 位量化位数,是 PC 机最为流行的声音文件格式,特点是声音质量无损,易于生成和编辑,但其文件尺寸较大,多用于存储简短的声音片断。

4. MP3 格式

MP3 的全称是 MPEG-1 Audio Layer 3,它在 1992 年合并至 MPEG 规范中。MP3格式的声音文件的扩展名为".MP3"。它使用心理声学模型,去掉了大部分人耳无法听到或不敏感的声音数据,是一种有损压缩。MP3 能够以高音质、低采样率对数字音频文件进行压缩,因此在 Internet 上被广泛使用,成为目前最流行的音乐文件格式。1min音乐的 MP3 格式只有 1MB 左右大小,这样每首歌的大小只有 3~5 MB 左右。

5. CDA 格式

CDA 格式的声音文件又称为天籁之音。CDA(CD Audio)又称 CD 音乐,其扩展名是".CDA",取样频率为 44.1kHz,速率为 88kb/s,16 位量化位数,与 WAV 一样,但 CD存储采用了音轨的形式,又叫"红皮书"格式,记录的是波形流,是一种近似无损的格式。

6. QuickTime 格式

QuickTime 是苹果公司于 1991 年推出的一种数字流媒体,它面向视频编辑、Web网站创建和媒体技术平台,QuickTime 支持几乎所有主流的个人计算机平台,可以通过互联网提供实时的数字化信息流、工作流与文件回放功能。

7. DVD Audio 格式

DVD Audio 是新一代的数字音频格式,与 DVD Video 尺寸以及容量相同,为音乐格式的 DVD 光碟,取样频率为"48kHz/96kHz/192kHz"和"44.1kHz/88.2kHz/176.4kHz",量化位数可以为 16 位、20 位或 24 位,它们之间可自由地进行组合。

3.3 音频处理软件 Adobe Audition 3.0

Adobe Audition 是一个专业音频编辑和混合环境,原名为 Cool Edit Pro,被 Adobe公司收购后,改名为 Adobe Audition,目前最新的版本是 Adobe Creative Suit 5.5。Audition 是一款专业的广播级音频处理软件,支持多种音频文件格式,包括 WAV、WMA、MP3 和 MP3Pro 等,能够利用高达 192kHz 的采样频率和 32 位的量化位数来处理文件,还能使用大量的第三方插件。它的主要功能有专业录音、音频混音、编辑和效果处理、视频配音、音频输出及刻录音乐 CD 等。由于 Audition 的界面清晰、操作简单、功能实用、容易上手,因此它成为了目前使用最广泛的音频处理软件。本节将以 Adobe

Audition 3.0 中文版为例,对它的一些基本功能进行介绍。

3.3.1 Adobe Audition 3.0 的主界面

启动 Adobe Audition 3.0 后,它的主界面如图 3-1 所示,主要由标题栏、菜单栏、功能选项栏、直面板区、轨道区、其他功能面板区和工程状态栏组成。

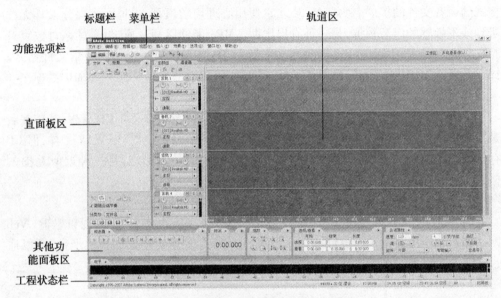

图 3-1 Adobe Audition 3.0 的主界面

1. 标题栏

标题栏可显示当前正在编辑的音乐文件的文件名。

2. 菜单栏

菜单栏包含 Adobe Audition 3.0 的所有操作命令,共 9 个主菜单。

3. 功能选项栏

在该区域中有三种工程模式来适合不同的工作。

① 编辑模式:主要进行音频文件的编辑处理。

② 多轨模式:主要进行录音和多轨混音的操作。

③ CD 模式:主要进行 CD 烧录前的曲目安排。

4. 直面板区

该面板中包括"文件"面板、"效果"面板和"收藏夹"面板。单击面板的标签即可打开相应的面板并使用面板中的命令。

5. 轨道区

主要承载音频、视频处理和 MIDI 音乐的轨道。

6. 其他功能面板区

该区域包含多种面板,如"时间"、"缩放"和"电平"等。选择不同的功能模式,出现的面板也会有所不同。

7. 工程状态栏

显示各种正在编辑的音频文件的及时信息。

3.3.2　Adobe Audition 3.0 的基本操作

使用 Adobe Audition 进行数字音频编辑,一般要经历以下五个步骤:

① 创建新的音频文件,通过录制声音或从 CD、视频文件中导入音频来完成。

② 为音频文件设置所需的参数。

③ 单轨模式(编辑模式)下对需要处理的各个音频文件进行单轨编辑和效果处理。

④ 在多轨模式下,对多个音轨进行剪切、粘贴、合并、重叠声音等编辑。

⑤ 保存或输入所编辑的音频文件。

下面简单介绍一下 Adobe Audition 的基本操作。

打开已有的音频文件,可通过多种方法来实现,具体方法如下:

执行"文件"→"打开"命令,弹出"打开"对话框,如图 3-2 所示,选择要打开的文件单击"打开"按钮即可。或在"文件"面板单击右键,选择"文件导入"命令,在弹出的对话框中,选择要打开的文件单击"打开"按钮即可向当前的声音工程中导入音频文件。成功导入音频文件后,在"文件"面板中就会出现音频文件的名称。若要进行编辑或处理,只需将这个文件从"文件"面板中直接拖放到音轨中即可。

如果在多轨状态下导入文件,则通过"插入"菜单下的"音频"命令,就可以选择文件夹和文件了,然后会直接导入文件,出现如图 3-3 所示的对话框。

如果出现导入不成功的情况,原因可能是音频格式为不支持的格式,或者虽然格式正确,但是采样率为 Audition 所不兼容。

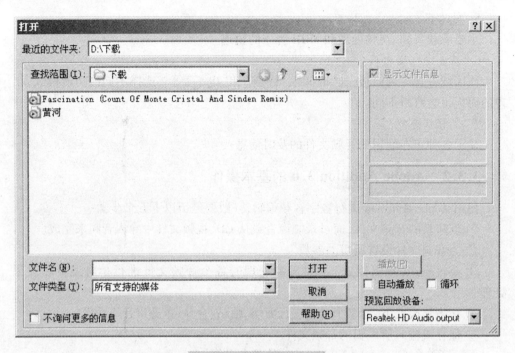

图 3-2 "打开"对话框

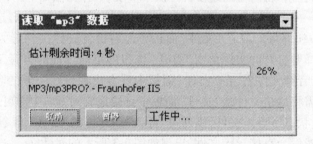

图 3-3 读取数据状态

打开文件后的效果如图 3-4 所示。

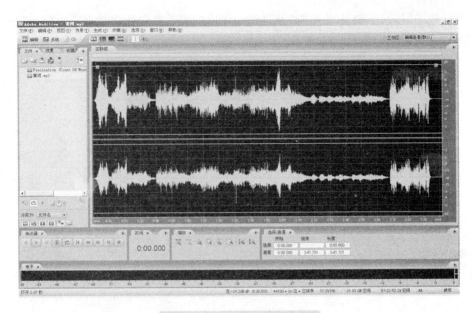

图 3-4 导入音频后的截图

3.3.3 录制音频

数字音频的录制通过声卡实现,将话筒、录音机、CD 播放机等设备与声卡连接好,就可以录音了。使用 Adobe Audition 进行音频录制的具体步骤如下:

① 先将话筒接口插入计算机声卡的麦克风插孔,然后开启话筒电源。双击 Windows 操作系统桌面右下角的喇叭图标,在"音量控制"对话框中选择"选项"→"属性"命令,打开"属性"对话框,如图 3-5 所示。

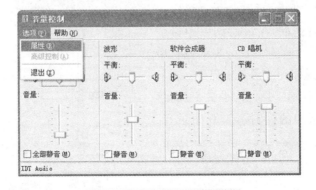

图 3-5 "音量控制"对话框

② 选择"显示下列音量控制"列表框中的"波形"、"软件合成器"、"麦克风"和"线路输入"复选框,如图3-6所示。

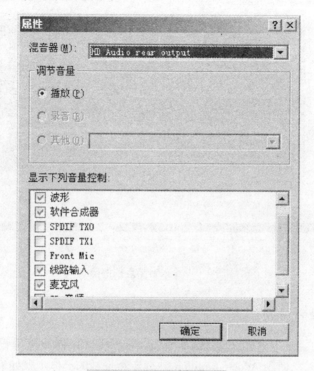

图3-6 "属性"对话框

③ 单击"确定"按钮,完成录音前的准备工作。启动 Adobe Audition 软件,选择"文件"→"新建"命令,打开如图3-7所示的"新建波形"对话框,在该对话框中设置适当的"采样率"、"通道"和"分辨率"后,单击"确定"按钮,返回到波形编辑界面。

④ 保持录制环境的安静,不受干扰,单击"传送器"面板中的 ● 按钮,开始录音,如图3-8所示。录音完成后,单击 ● 按钮,停止录音。

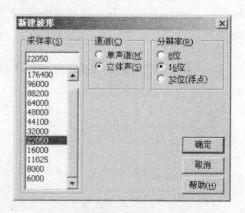

图3-7 "新建波形"对话框

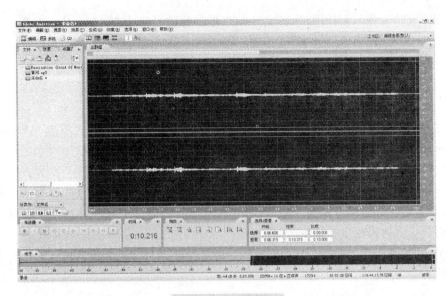

图 3-8 录制界面

⑤ 单击 ▶ 按钮，试听所录制的声音效果。选择"文件"→"另存为"命令对录音文件进行保存，如图 3-9 所示。

图 3-9 "另存为"对话框

在多媒体开发与制作中,声音文件一般推荐参数设置为 22.050kHz、16 位。它的数据量为 44.1kHz 声音的一半,但音质却很相似。录制的声音在重放时可能会有明显的噪音存在,需要使用音频处理软件进行降噪处理。

3.3.4 音频的后期编辑处理

音频录制完成后,一般都不能达到用户所要求的理想效果,此时可以使用 Adboe Audition 软件对声音进行后期处理,以使音频文件达到一个最佳效果。

1. 降噪

降噪方法大致有采样、滤波、噪音门等几种,效果最好的应该是采用降噪法。其基本方法是:首先分析噪声源的频谱特性并取样,然后削弱整个声音文件中符合噪声特征的部分。具体操作步骤如下:

① 用放大镜工具调整波形大小。其中 为横向缩放, 为纵向缩放。

② 用鼠标选择声音的噪声部分。样本应尽量采用声音波形振幅最小、最平直的噪音部分,一般为没有音乐信号的间隔处,这样可以包括最基本的噪音要素,更加有利于提高准确性。噪声选取部分如图 3-10 所示。

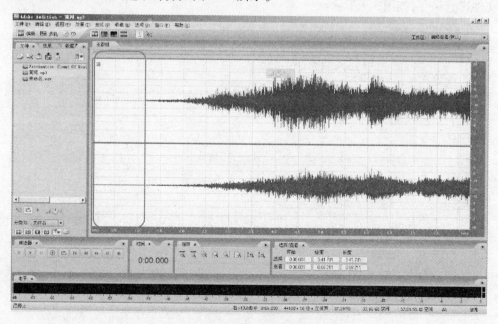

图 3-10　选取噪声

③ 选择"效果"→"修复"→"降噪器"命令,打开"降噪器"对话框,如图 3-11 所示,然后单击"获取特性"按钮,采集当前噪声,如图 3-12 所示。

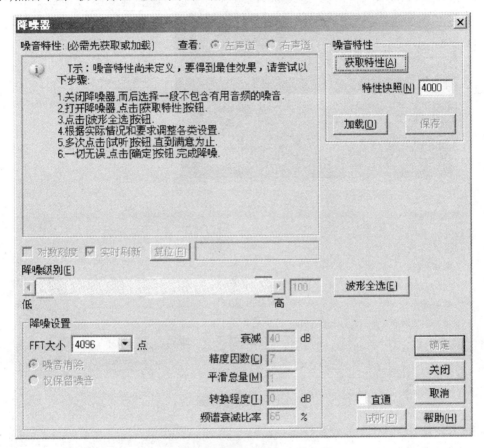

图 3-11 "降噪器"对话框

④ 单击"确定"按钮,进行降噪。然后选取波形前端的无声部分,单击鼠标右键,选择"剪切"命令,删除无声部分的声音。

⑤ 试听一下效果,将降噪后的文件重新保存,完成音频降噪的处理。

2. 反转

选择"效果"→"倒转"命令,声波可以实现从后往前反向播放的特殊效果。

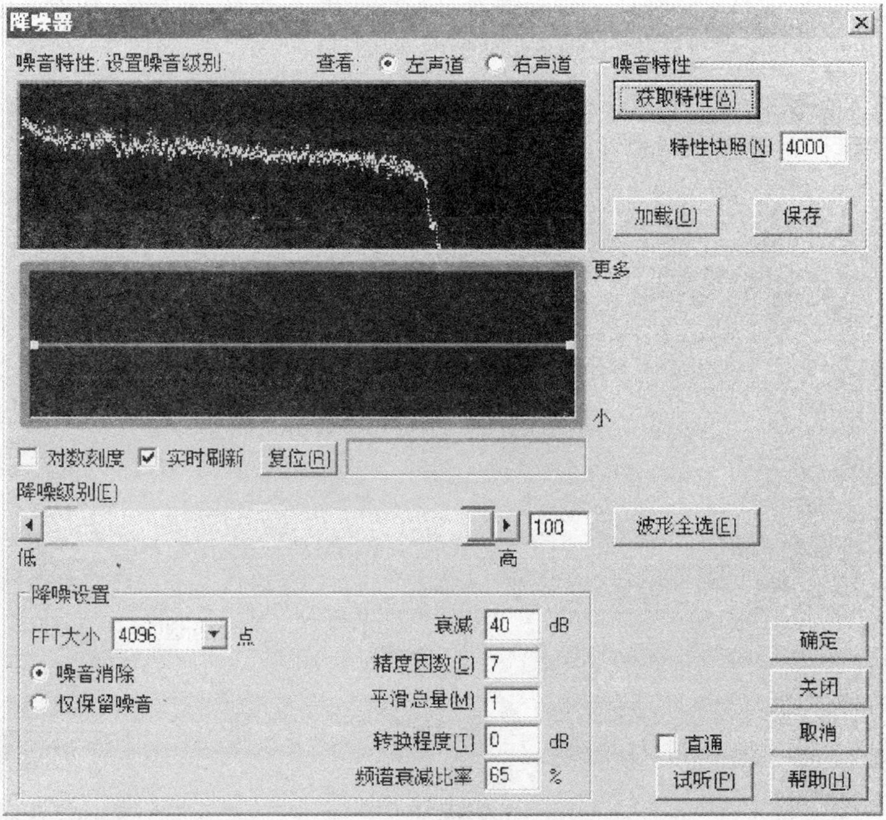

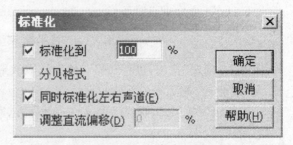

图 3-12　采集当前噪声

3. 音量调节

选择"效果"→"振幅和压限"→"标准化（进程）"命令，可以将音频的音量进行标准化设置，如图 3-13 所示。如果想要放大音量，可选择"效果"→"振幅和压限"→"增大"命令，打开如图 3-14 所示的对话框，在该对话框中拖动相应的滑块可改变音量的大小。

图 3-13　"标准化"对话框

图 3-14　放大音量

3.3.5　音频添加特殊效果

1. 淡入与淡出

淡入与淡出是很常用的一种声音效果,淡出是指声音音量从正常逐渐减小,甚至到无声,形成一种渐弱的效果;淡入是指声音音量从无声或很小逐渐增大到正常,形成一种渐强的效果。

如果要在整个声音的首尾设置淡入/淡出效果,可以直接拖动波形编辑区中的淡入按钮和淡出按钮,如图 3-15 和图 3-16 所示。

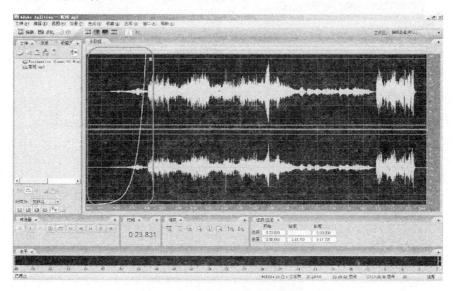

图 3-15　声音淡入效果图

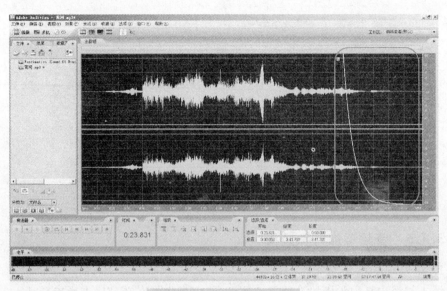

图 3-16　声音淡出效果图

如果要调整任意波形区块的淡入/淡出效果,可以选中波形区块,单击"效果"→"振幅和压限"→"振幅/淡化(进程)"命令,打开"振幅/淡化"对话框,选择"渐变"选项卡,如图 3-17 所示。

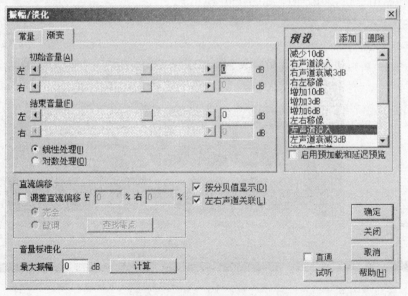

图 3-17　"振幅/淡化"对话框

在"预设"列表框中可以快速设置淡入/淡出效果,也可以拖动"初始音量"和"结束音量"标尺来调整淡入/淡出的强度,初始音量小、结束音量大为淡入效果,初始音量大、结束音量小为淡出效果。

"左右声道关联"复选框表示同时改变左右声道音量。"音量标准化"区域中的"最大振幅"项可以将波形的最大振幅调整到指定大小。单击"试听"按钮,可以试听淡入/淡出设置后的实际效果。

2. 声音的回声效果

回声效果主要是通过将声音进行延迟来实现的,可以设置声音延迟的长度,对左右声道分别进行参数设置和确定原声与延迟声的混合比例。具体操作步骤如下:

① 在 Adobe Audition 中打开已经准备好的音频文件。

② 选择"效果"→"延迟和回声"→"回声"命令,打开"回声"对话框。在该对话框中,用户可以对各项相关参数进行设置,如图 3-18 所示。

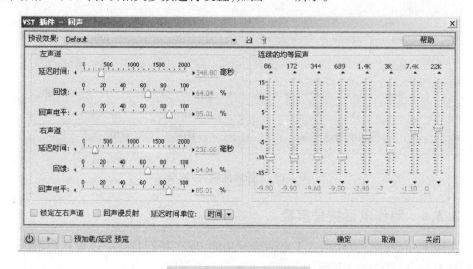

图 3-18 "回声"对话框

③ 单击"预览"按钮可对回声效果进行测试,然后对不满意的地方进行调节。单击"确定"按钮,即可为音频文件添加回声效果。

3. 声音的混响效果

为了使音频文件听起来更加"圆润",可以通过 Adobe Audition 的混响工具,对原始音频进行调节,具体操作步骤如下:

① 在 Adobe Audition 中打开已经准备好的音频文件。

② 选择"效果"→"混响"→"回旋混响"命令,打开"回旋混响"对话框。在该对

话框中,用户可以对各项相关参数进行设置,如图3-19所示。

③ 单击"预览"按钮可对混响效果进行测试,然后对不满意的地方进行调节。单击"确定"按钮,即可为音频文件添加混响效果。

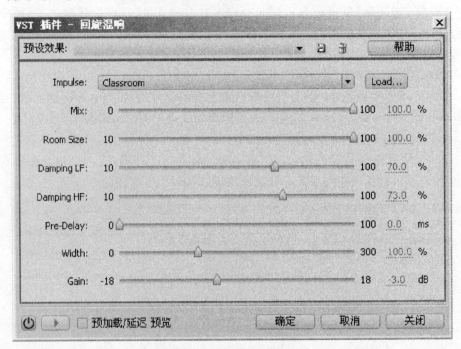

图3-19 "回旋混响"对话框

3.3.6 制作电话拨号声音

Adobe Audition 3.0 中内置了电话拨号功能,现在我们将在一段音频中增加一个电话拨号声音,具体操作步骤如下:

① 在 Adobe Audition 中打开已经准备好的音频文件。

② 在需要增加电话拨号声音的地方做一个标记。

③ 选择"生成"→"脉冲信号"命令,打开"生成脉冲信号"对话框。在该对话框中,用户可以对各项相关参数进行设置,如图3-20所示。

● 时间:表示电话号码的每个按键拨号时间。

● 间隔:表示每两个按键之间的间隔时间。

● 暂停字符:在拨号时遇到该字符就暂停一会。

● 暂停时间:拨号时遇到暂停字符时的暂停时间。

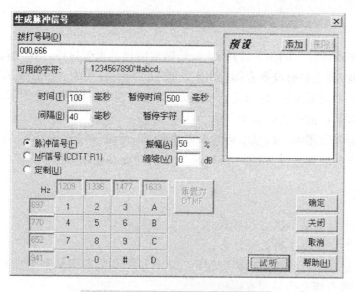

图 3-20　"生成脉冲信号"对话框

④ 单击"试听"按钮可以试听添加的电话拨号声音的效果,如果不满意,可以对以上参数进行适当调整。单击"确定"按钮,即可为音频文件添加电话拨号声音。成功添加电话拨号声音的效果如图 3-21 所示。

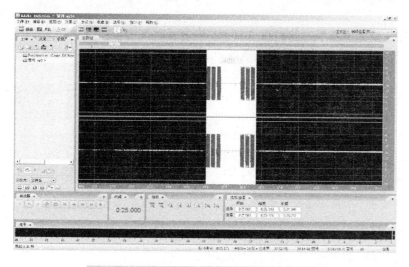

图 3-21　成功添加电话拨号声音的效果图

本章小结

音频是多媒体技术的重要特征之一,是携带信息的重要媒体。在计算机多媒体技术中,音频的种类主要有波形音频、MIDI 音频和 CD 唱盘音频。声音是人类进行交流和认识自然的主要媒体形式,语言、音乐和自然之声构成了世界万物的丰富内涵,人类被包围在丰富多彩的声音世界中。

本章主要介绍了声音的基本概念和基本特征、音频信号及其分类、常见的音频存储格式以及音频处理软件 Adobe Audition 3.0 的功能和使用方法。

习　题

1. 简述声音的基本概念和参数。

2. 声音的三个基本特征是什么?

3. 什么是频率? 什么是次声和超声? 人耳能听到的范围是多少?

4. 常见的音频文件格式有哪些?

5. 什么是 MIDI,有哪些特点?

6. 简述音频信号及其分类。

7. 简述 Adobe Audition 的功能。

8. 请将你的歌声录下来,选用音频处理软件,经过适当混音、音效处理,加上伴奏音乐。

9. 什么是回声效果? 如何在 Audition 中为音频文件添加回声效果?

10. 录制的音频文件中如果出现噪声、嘭啪声、各种杂音,该如何处理?

第4章

图像处理技术

4.1　图像的基本概念

1. 像素、分辨率与图像尺寸

（1）像素

像素（Pixel）是由 Picture（图像）和 Element（元素）这两个单词中的字母组成的，是单位面积中构成图像的点的个数。每个像素都有不同的颜色值。单位面积内的像素越多，分辨率越高，图像的效果就越好。

（2）分辨率

所谓分辨率（Resolution）是指单位长度中所表述或撷取的像素数目。由于屏幕上的点、线和面都是由像素组成的，显示器可显示的像素越多，画面就越精细，同样屏幕区域内能显示的信息也就越多。分辨率是个非常重要的性能指标之一。

（3）图像尺寸

① 图像文件的大小是以 KB、MB 等来表示的。

② 图像文件的大小是由文件的尺寸（宽度、高度）和分辨率决定的。图像文件的宽度、高度和分辨率越大，图像也就越大。

③ 当图像文件大小是定值时，其宽度、高度与分辨率成反比。

④ 在改变位图图像的大小时应该注意：当图像由大变小时，其印刷质量不会降低；但当图像由小变大时，其印刷品质将会下降。

2. 矢量图和位图

（1）矢量图

矢量图比较适用于编辑边界轮廓清晰、色彩较为单纯的色块或文字，如 Illustrator、

CorelDraw 等绘图软件创建的图形都是矢量图。

矢量图又称为向量图形,是由线条和节点组成的图像。无论放大多少倍,图形仍能保持原来的清晰度,无马赛克现象且色彩不失真。

矢量图的文件大小与图像大小无关,只与图像的复杂程序有关,因此简单图像所占的存储空间小。矢量图可无损缩放,不会产生锯齿或模糊现象。

(2)位图

位图图形细腻、颜色过渡缓和、颜色层次丰富。

位图也叫点阵图像,是由很多个像素(色块)组成的图像。位图的每个像素点都含有位置和颜色信息。一幅位图图像是由成千上万个像素点组成的。

位图的清晰度与像素点的多少有关,单位面积内像素点数目越多则图像越清晰;对于高分辨率的彩色图像用位图存储所需的存储空间较大;位图放大后会出现马赛克,整个图像会变得模糊。

4.2 颜色的基本概念与表示方法

4.2.1 颜色的基本概念

颜色是创建完美图像的基础,要理解图像处理软件中所出现的各种有关颜色的术语,首先要具备基本的颜色理论知识。

从人的视觉系统来看,颜色可用色调、饱和度和亮度来描述,其中色调与光波的波长有直接关系,亮度和饱和度与光波的幅度有关。人眼看到的任一彩色光都是这三个特性的综合效果,这三个特性可以说是颜色的三要素。

1. 色调

色调是当人眼看一种或多种波长的光时所产生的彩色感觉,它反映颜色的种类,是决定颜色的基本特性。

色调用红、橙、黄、绿、青、蓝、紫等术语来刻画。苹果是红色的,这"红色"便是一种色调,它与颜色明暗无关。绘画中要求有固定的颜色感觉,有统一的色调,否则难以表现画面的情调和主题。例如,我们说一幅画具有红色调,是指它在颜色上总体偏红。

2. 饱和度

饱和度是指颜色的纯度即掺入白光的程度,对于同一色调的彩色光,饱和度越深颜色越鲜明。例如,当蓝色光加入白光之后冲淡为淡蓝色,其基本色调还是蓝色,只不过饱和度降低了。需要说明的是,如果在颜色中掺入别的颜色,则会引起色调的变化,只有掺入白色才能引起饱和度的变化。

3. 亮度

亮度是光作用于人眼时所引起的明亮程度和感觉,它与被观察物体的发光强度有关。由于其强度不同,看起来可能会暗些或亮些。亮度的单位是坎德拉/平方米(cd/m^2)。亮度是一个主观量,与它相对应由物理定义的客观量是光强。

4. 三基色原理

自然界中常见的各种颜色的光,都可以由红、绿、蓝三种颜色光按不同的比例相配混合而成,同样,各种颜色的光也可以分解成红、绿、蓝三种颜色。

三基色的选择不是唯一的,也可以选择其他三种颜色作为三基色,但是三种颜色必须是相互独立的,即任何一种颜色都不能由其他两种颜色合成。由于人眼对红、绿、蓝三种色光最敏感,因此由这三种颜色相配所得的颜色范围也最广,所以一般都选这三种颜色作为基色。

4.2.2 颜色空间表示与转换

颜色空间也称彩色模型(又称彩色空间或彩色系统),它的用途是在某些标准下用通常可接受的方式对彩色加以说明。本质上,彩色模型是对坐标系统和子空间的阐述。系统中的每种颜色都用单个点来表示。现在采用的大多数颜色模型都是面向硬件或面向应用的。颜色空间从提出到现在已经有上百种,大部分只是局部的改变或专用于某一领域。

1. RGB 彩色模型

依据人眼识别的颜色定义出的模型,可表示大部分颜色。但在科学研究中一般不采用 RGB 彩色模型,因为它的细节难以进行数字化的调整。它将色调、亮度、饱和度三个量放在一起表示,很难分开。它是最通用的面向硬件的彩色模型,该模型用于彩色监视器和一大类彩色视频摄像。

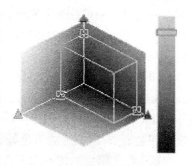

图 4-1 RGB 彩色模型

计算机彩色显示器的输入需要 R、G、B 三个彩色分量,通过三个分量的不同比例,在显示屏幕上合成所需要的任意颜色,如图 4-1 所示。在 RGB 彩色模型中,任意彩色光 F 的配色方程可表达为:

$$F = r[R](红色百分比) + g[G](绿色百分比) + b[B](蓝色百分比)$$

2. CMY 彩色模型

一个不能产生光波的物体称为无源物体,它的颜色由该物体吸收或者反射哪些光波决定,使用 CMY 相减混合模型。

彩色印刷或彩色打印的纸张是不能发射光线的,因而印刷机或彩色打印机就只能使用一些能够吸收特定光波而反射其他光波的油墨或颜料。

油墨或颜料的三基色是青(Cyan)、品红(Magenta)和黄(Yellow),简称为 CMY。青色对应蓝绿色,品红对应紫红色。理论上说,任何一种由颜料表现的色彩都可以用这三种基色按不同的比例混合而成,这种色彩表示方法称为 CMY 彩色模型表示法。彩色打印机和彩色印刷系统都采用 CMY 彩色模型。

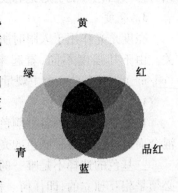

图 4-2 CMY 彩色模型

3. YUV 和 YIQ 彩色模型

电视系统中用 YUV 和 YIQ 模型来表示彩色图像。

例如,PAL 彩色电视制式中使用 YUV 彩色模型,Y 表示亮度信号,U、V 表示色差信号,U、V 构成彩色的两个分量;NTSC 彩色电视制式中使用 YIQ 彩色模型,其中 Y 表示亮度,I、Q 是两个彩色分量。

YUV 彩色模型的特点如下:

亮度信号(Y)和色度信号(U、V)是相互独立的,也就是 Y 信号分量构成的黑白灰度图与用 U、V 信号构成的另外两幅单色图是相互独立的。由于 Y、U、V 是独立的,所以可以对这些单色图分别进行编码。黑白电视机能够接收彩色电视信号也就是利用了 Y、U、V 分量之间的独立性。

4. HSI 彩色模型

HSI 彩色模型是从人的视觉系统出发,用色调(Hue)、饱和度(Saturation 或 Chroma)和亮度(Intensity 或 Brightness)来描述色彩的。

HSI 彩色模型可以用一个圆锥空间模型来描述。这种描述 HSI 彩色模型的圆锥模型相当复杂,但的确能将色调、亮度和饱和度的变化情形表现得很清楚。

HSI 彩色模型的优点如下:

① 通常把色调和饱和度统称为色度,用来表示颜色的类别与深浅程度。由于人的视觉对亮度的敏感程度远强于对颜色浓淡的敏感程度,为了便于色彩处理和识别,人的视觉系统经常采用 HSI 彩色模型,它比 RGB 彩色模型更符合人的视觉特性。

② 采用 HSI 彩色模型可减少彩色图像处理的复杂性,增加快速性,它更接近人对彩色的认识和解释。在图像处理和计算机视觉中的大量算法,都可以在 HSI 彩色模型

中方便地使用。它们可以分开处理而且是互相独立的,因此 HSI 彩色模型可以大大简化图像分析和处理的工作量。

5. 颜色模式间的转换

为了在不同场合显示出正确的图像,有时需要将图像从一种模式转换成另一种模式。其转换的主要原理如下:

灰度模式是位图/双色调模式和其他模式相互转换的中介模式。只有灰度模式和 RGB 模式的图像才可以转换为索引颜色模式。

Lab 模式色域最宽,包括 RGB 和 CMYK 色域中的所有颜色。图像处理软件 Photoshop 是以 Lab 模式作为内部转换模式的。

多通道模式可通过转换颜色模式和删除原有图像的颜色通道得到。

4.3　图像处理技术

4.3.1　图像的数据表示

在信息技术中,图形、图像是多媒体作品的最基本的组成要素之一。我们知道,计算机只能够传输和处理二进制数据,因此,所有的信息都必须先转变成二进制才能被计算机处理。将图形、图像转变为二进制的过程称为图形、图像的数字化。

4.3.2　图像的数字化

将模拟图像转化成数字图像的过程就是图形、图像的数字化过程。这个过程主要包含采样、量化和编码三个步骤。

1. 采样

采样的实质就是要用多少个点来描述一幅图像,采样结果质量的高低可以用前面所说的图像分辨率来衡量。简单来讲,对二维空间上连续的图像在水平和垂直方向上等间距地分割成矩形网状结构所形成的微小方格称为像素点。一幅图像即是被采样成有限个像素点构成的集合。例如,表示一幅 640×480 分辨率的图像,需用 640×480＝307200 个像素点。采样频率是指每秒内采样的次数,它反映了采样点之间的间隔大小。采样频率越高,得到的图像样本越逼真,图像的质量越高,但要求的存储量也越大。

在进行采样时,采样点间隔大小的选取很重要,它决定了采样后的图像能否真实地反映原图像的程度。一般来说,原图像中的画面越复杂,色彩越丰富,则采样间隔应

越小。由于二维图像的采样是一维的推广,根据信号的采样定理,要从取样样本中精确地复原图像,可得到图像采样的奈奎斯特(Nyquist)定理:图像采样的频率必须大于或等于源图像最高频率分量的两倍。

2. 量化

量化是指要使用多大范围的数值来表示图像采样之后的每一个点。量化的结果是图像能够容纳的颜色总数,它反映了采样的质量。

例如,如果以 4 位存储一个点,就表示图像只能有 16 种颜色;若采用 16 位存储一个点,则有 65536 种颜色。所以,量化位数越大,表示图像可以拥有更多的颜色,自然可以产生更为细致的图像效果,但是也会占用更大的存储空间。两者的基本问题都是视觉效果和存储空间的取舍。

假设有一幅黑白灰度的照片,因为它在水平与垂直方向上的灰度变化都是连续的,都可认为有无数个像素,而且任一点上灰度的取值都是从黑到白可以有无限个可能值。通过沿水平和垂直方向的等间隔采样可将这幅模拟图像分解为近似的有限个像素,每个像素的取值代表该像素的灰度(亮度)。对灰度进行量化,使其取值变为有限个可能值。

经过采样和量化得到的一幅空间上表现为离散分布的有限个像素、灰度取值上表现为有限个离散的可能值的图像称为数字图像。只要水平和垂直方向采样点数足够多,量化比特数足够大,数字图像的质量相比原始模拟图像毫不逊色。

3. 压缩编码

数字化后得到的图像数据量十分巨大,必须采用编码技术来压缩其信息量。从一定意义上讲,编码压缩技术是实现图像传输与存储的关键。编码压缩技术将在后面的章节中详细介绍。

将模拟图像转化为数字图像的途径和特点如表 4-1 所示。

表 4-1　图像数字化的途径和特点

图像数字化的途径	特点
扫描仪扫描	方便快捷,需用扫描仪
数码相机拍摄	方便快捷,需用数码相机
网上搜索并下载	方便快捷
抓图工具抓拍	方便快捷
利用图像编辑软件自己加工或创作	专业性强,较慢

4.3.3　图像变换

图像变换是按一定的规则从一幅图像加工成另一幅图像的处理过程。例如,由模拟图像变换成数字图像,由一种投影变换成另一种投影等。实现图像变换的手段有数字和光学两种形式,它们分别对应二维离散和连续函数运算。数字变换在计算机中进行,提高运算速度是这种方式的关键。

常用的图像变换方法有三种:傅里叶变换、沃尔什-阿达玛变换和离散卡夫纳-勒维变换。除上述变换外,余弦变换、正弦变换、哈尔变换和斜变换也在图像处理中得到应用。

4.3.4　图像的压缩编码

在满足一定保真度的要求下,对图像数据进行变换、编码和压缩,可去除多余数据,减少表示数字图像时需要的数据量,以便于图像的存储和传输。即以较少的数据量有损或无损地表示原来的像素矩阵的技术,也称为图像编码。

图像压缩编码可分为两类:一类压缩是可逆的,即从压缩后的数据可以完全恢复原来的图像,信息没有损失,称为无损压缩编码;另一类压缩是不可逆的,即从压缩后的数据无法完全恢复原来的图像,信息有一定损失,称为有损压缩编码。

1. 霍夫曼编码(Huffman 编码)

Huffman 编码是可变字长编码(VLC)的一种。Huffman 于 1952 年提出一种编码方法,该方法完全依据字符出现的概率来构造异字头的平均长度最短的码字,有时称之为最佳编码,一般就叫做 Huffman 编码。

Huffman 编码具有以下特点:

① Huffman 编码构造出来的编码值不是唯一的。原因是在给两个最小概率的图像的灰度值进行编码时,可以是大概率为“0”,小概率为“1”,但也可相反;而当两个灰度值的概率相等时,“0”、“1”的分配也是随机的,这就造成了编码的不唯一性,可是其平均码长却是相同的,所以不影响编码效率和数据压缩性能。

② Huffman 编码对不同的信源其编码效率是不同的,当信源概率为 2 的负幂次方时,霍夫曼编码的编码效率达到 100%。因此,只有当信源概率分布很不均匀时,霍夫曼编码才会收到显著的效果。换句话说,在信源概率比较接近的情况下,一般不使用霍夫曼编码方法。

③ Huffman 编码结果码字不等长,虽说平均码字最短,效率最高,但是码字长短不一,硬件实现很复杂(特别是译码),而且在抗误码能力方面也比较差,为此,研究人员提出了一些修正方法,如双字长 Huffman 编码(也称为最佳编码方法),希望通过降低一些效率来换取硬件实现简单的实惠。双字长编码只采用两种字长的码字,对出现概

率高的符号用短码字,对出现概率低的符号用长码字。短码字中留下一个码字不用,作为长码字前缀,这种方法编码压缩效果不如 Huffman 编码,但其硬件实现相对简单,抗干扰能力也比 Huffman 编码强得多。

④ Huffman 编码应用时,均需要与其他编码结合起来使用,才能进一步提高数据压缩比。例如,在静态图像国际压缩标准 JPEG 中,先对图像进行分块,然后进行 DCT 变换、量化、Z 形扫描、行程编码后,再进行 Huffman 编码。

2. 算术编码

算术编码是 20 世纪 80 年代发展起来的一种熵编码方法,这种方法不是将单个信源符号映射成一个码字,而是将整个信源表示为实数线上的 0 到 1 之间的一个区间,其长度等于该序列的概率,再在该区间内选择一个代表性的小数,转化为二进制作为实际的编码输出,消息序列中的每个元素都要缩短为一个区间,消息序列中元素越多,所得到的区间就越小,当区间变小时,就需要更多的数位来表示这个区间。采用算术编码,每个符号的平均编码长度可以为小数。

算术编码有两种模式:一种是基于信源概率统计特性的固定编码模式,另一种是针对未知信源概率模型的自适应模式。自适应模式中各个符号的概率初始值都相同,它们依据出现的符号而相应地改变。只要编码器和解码器都使用相同的初始值和相同的改变值的方法,它们的概率模型就保持一致。上述两种形式的算术编码均可用硬件实现,其中自适应模式适用于不进行概率统计的场合。有关实验数据表明,在未知信源概率分布的情况下,算术编码一般要优于 Huffman 编码。在 JPEG 扩展系统中,就用算术编码取代了 Huffman 编码。

3. 预测编码

预测编码是根据离散信号之间存在着一定关联性的特点,利用前面一个或多个信号预测下一个信号,然后对实际值和预测值的差(预测误差)进行编码。如果预测比较准确,误差就会很小。在同等精度要求的条件下,就可以用比较少的比特进行编码,以达到压缩数据的目的。

4. 离散余弦变换

离散余弦变换(Discrete Cosine Transform,DCT)是一种与傅立叶变换紧密相关的数学运算。在傅立叶级数展开式中,如果被展开的函数是实偶函数,那么其傅立叶级数中只包含余弦项,再将其离散化可导出余弦变换,因此称之为离散余弦变换。

离散余弦变换是 N. Ahmed 等人在 1974 年提出的正交变换方法。它常被认为是对语音和图像信号进行变换的最佳方法。为了工程上实现的需要,国内外许多学者花费了很大精力去寻找或改进离散余弦变换的快速算法。随着近年来数字信号处理芯片(DSP)的发展,加上专用集成电路设计上的优势,这就牢固地确立了离散余弦变换在目前图像编码中的重要地位,成为 H. 261、JPEG、MPEG 等国际上公用的编码标准的重要环节。在视频压缩中,最常用的变换方法是 DCT,DCT 被认为是性能接近 K – L 变换的准最佳变换,变换编码的主要特点有:

① 在变换域里视频图像要比空间域里简单。

② 视频图像的相关性明显下降,信号的能量主要集中在少数几个变换系数上,采用量化和熵编码可有效地压缩其数据。

③ 具有较强的抗干扰能力,传输过程中的误码对图像质量的影响远小于预测编码。

还有两个相关的变换:一个是离散正弦变换(Discrete Sine Transform,DST),它相当于一个长度大概是它两倍的实奇函数的离散傅里叶变换;另一个是改进的离散余弦变换(Modified Discrete Cosine Transform,MDCT),它相当于对交叠的数据进行离散余弦变换。

4.3.5　常见图像压缩标准

1. JPEG 压缩标准

JPEG(Joint Photographic Experts Group)标准是最常用的图像文件格式,是由国际标准组织(International Standardization Organization,ISO)和国际电话电报咨询委员会(Consultation Committee of the International Telephone and Telegraph,CCITT)为静态图像所建立的第一个国际数字图像压缩标准,也是至今一直在使用的、应用最广的图像压缩标准。

2. JPEG 2000 压缩标准

JPEG 2000 是基于小波变换的图像压缩标准,由 Joint Photographic Experts Group 组织创建和维护。JPEG 2000 通常被认为是未来取代 JPEG(基于离散余弦变换)的下一代图像压缩标准。

JPEG 2000 的压缩比更高,而且不会产生原先的基于离散余弦变换的 JPEG 标准产生的块状模糊瑕疵。JPEG 2000 同时支持破坏性资料压缩和非破坏性资料压缩。另外,JPEG 2000 也支持更复杂的渐进式显示和下载。

在破坏性压缩下,JPEG 2000 的一个比较明显的优点就是没有 JPEG 压缩中的马赛克失真效果。JPEG 2000 的失真主要是模糊失真。模糊失真产生的主要原因是在编码过程中高频量产生了一定程度的衰减。传统的 JPEG 压缩也存在模糊失真的问题。事实上,在低压缩比情形下(比如压缩比小于 10∶1),传统的 JPEG 图像质量有可能要比 JPEG 2000 要好。JPEG 2000 在压缩比较高的情形下,优势才开始明显。整体来说,和传统的 JPEG 相比,JPEG 2000 仍然有很大的技术优势,通常压缩性能大概可

以提高 20% 以上。一般在压缩比达到 100∶1 的情形下，采用 JPEG 压缩的图像已经严重失真并开始难以识别了，但 JPEG 2000 的图像仍可识别。破坏性压缩图像质量或失真程度一般用峰值信噪比（PSNR）指标来衡量。虽然峰值信噪比不能完全反映人类的视觉效果，但是它仍是一个目前比较流行的量化指标。

4.3.6 图像增强

图像增强是将原来不清晰的图像变得清晰或强调某些关注的特征，抑制非关注的特征，使之改善图像质量、丰富信息量，加强图像判读和识别效果的图像处理方法。

图像增强可分成两大类：频率域法和空间域法。前者把图像看成一种二维信号，对其进行基于二维傅里叶变换的信号增强。采用低通滤波（即只让低频信号通过）法，可去掉图中的噪声；采用高通滤波法，则可增强边缘等高频信号，使模糊的图片变得清晰。具有代表性的空间域算法有局部求平均值法和中值滤波法（取局部邻域中的中间像素值）等，它们可用于去除或减弱噪声。

数字图像处理在 40 多年的时间里，迅速发展成一门独立的有强大生命力的学科，图像增强技术已逐步涉及人类生活和社会生产的各个方面，下面我们仅就几个方面的应用举些例子。

1. 航空航天领域的应用

早在 20 世纪 60 年代初期，第三代计算机的研制成功和快速傅里叶变换的提出，使图像增强技术可以在计算机上实现。1964 年，美国喷气推进实验室（JPL）的科研人员使用 IBM 7094 计算机以及其他设备，采用集合校正、灰度变换、去噪声、傅里叶变换以及二维线性滤波等方法对航天探测器"徘徊者 7 号"发回的几千张月球照片成功地进行了处理。随后他们又对"徘徊者 8 号"和"水手号"发回地球的几万张照片进行了较为复杂的数字图像处理，使图像质量得到了进一步的提高，从此图像增强技术进入了航空航天领域的研究与应用。同时图像增强技术的发展也推动了硬件设备的提高，比如 1983 年 LANDSAT-4 的分辨率为 30m，而如今发射的卫星分辨率可达到 3～5m 的范围内。图像采集设备性能的提高，使采集图像的质量和数据的准确性和清晰度得到了极大的提高。

2. 生物医学领域的应用

图像增强技术在生物医学方面的应用有两类：一类是对生物医学的显微光学图像进行处理和分析，比如对红细胞、白细胞、细菌、虫卵的分类计数以及对染色体的分析；另一类是对 X 射线图像的处理，其中最为成功的是计算机断层成像。1973 年，英国的 EMI 公司制造出了第一台 X 射线断层成像装置。但由于人体的某些组织，比如心脏、乳腺等软组织对 X 射线的衰减变化不大，导致图像灵敏度不强。

3. 工业生产领域的应用

图像增强在工业生产的自动化设计和产品质量检验中得到广泛应用,比如机械零部件的检查和识别、印刷电路板的检查、食品包装出厂前的质量检查、工件尺寸测量、集成芯片内部电路的检测等。此外,计算机视觉也可以应用到工业生产中,将摄像机拍摄图片经过增强处理、数据编码、压缩送入机器人中,通过一系列的控制和转换可以确定目标的位置、方向、属性以及其他状态等,最终实现机器人按照人的意志完成特殊的任务。

4. 公共安全领域的应用

在社会安全管理方面,图像增强技术的应用也十分广泛,如无损安全检查、指纹、虹膜、掌纹、人脸等生物特征的增强处理等。图像增强处理也被应用到交通监控中,通过电视跟踪技术锁定目标位置,比如对有雾图像、夜视红外图像、交通事故的分析等。

4.3.7　图像恢复与重建

图像恢复是通过计算机处理,对质量下降的图像加以重建或恢复的处理过程。因摄像机与物体相对运动、系统误差、畸变、噪声等因素的影响,使图像往往不是真实景物的完整映像。在图像恢复中,需建立造成图像质量下降的退化模型,然后运用相反过程来恢复原来的图像,并运用一定的准则来判定是否得到图像的最佳恢复。在遥感图像处理中,为消除遥感图像的失真、畸变,恢复目标的反射波谱特性和正确的几何位置,通常需要对图像进行恢复处理,包括辐射校正、大气校正、条带噪声消除、几何校正等内容。

图像处理中一个重要研究分支是物体图像的重建,它被广泛应用于检测和观察中,而这种重建方法一般是根据物体的一些横截面部分的投影而进行的。在一些应用中,某个物体的内部结构图像的检测只能通过这种重建才不会有任何物理上的损伤。由于这种无损检测技术的显著优点,它被应用到各个不同的领域。例如,在医疗放射学、核医学、电子显微、无线和雷达天文学、光显微和全息成像学及理论视觉学等领域都有多种应用。

4.4　常见图像文件格式

4.4.1　BMP 格式

BMP 是英文 Bitmap(位图)的简写,它是一种与设备无关的图像文件格式,是

Windows 操作系统中的标准图像文件格式,能够被多种 Windows 应用程序支持。随着 Windows 操作系统的流行与丰富的 Windows 应用程序的开发,BMP 格式理所当然地被 广泛应用。这种格式的特点是包含的图像信息较丰富,几乎不进行压缩,但占用磁盘 空间较大。

4.4.2 GIF 格式

GIF(Graphics Interchange Format)的原意是"图形变换格式",GIF 文件的数据,是 一种基于 LZW 算法的连续色调的无损压缩格式,其压缩率一般在 50% 左右。目前几 乎所有相关软件都支持它,公共领域有大量的软件在使用 GIF 图像文件。

4.4.3 TIFF 格式

标记图像文件格式(Tagged Image File Format,TIFF)是一种主要用来存储包括照 片和艺术图在内的图像的文件格式。它最初由 Aldus 公司与微软公司一起为 Post- Script 打印开发。TIFF 与 JPEG 和 PNG 一起成为流行的高位彩色图像格式。

4.4.4 JPEG 格式

JPEG 是一种常见的图像格式,它由联合照片专家组(Joint Photographic Experts Group)开发并命名为"ISO 10918-1"。JPEG 文件的扩展名为".jpg"或".jpeg",其压缩 技术十分先进,它用有损压缩方式去除冗余的图像和彩色数据,在获得极高的压缩率 的同时能展现十分丰富生动的图像。JPEG 格式是目前网络上最流行的图像格式,它 可以将文件压缩到最小的格式,在 Photoshop 软件中以 JPEG 格式存储时,提供 11 级压 缩级别,以 0~10 级表示。其中 0 级压缩比最高,图像品质最差。即使采用细节几乎 无损的 10 级质量保存时,压缩比也可达 5∶1。以 BMP 格式保存得到的 4.28MB 图像 文件,在采用 JPG 格式保存时,其文件大小仅为 178KB,压缩比达到 24∶1。经过多次 比较,采用第 8 级压缩为存储空间与图像质量兼得的最佳比例。

4.4.5 TGA 格式

TGA(Targa)是由美国 Truevision 公司为其显示卡开发的一种图像文件格式,已被 国际上的图形、图像工业所接受,现已成为数字化图像以及运用光线跟踪算法所产生 的高质量图像的常用格式。TGA 文件的扩展名为".tga"。

TGA 格式是计算机上应用最广泛的图像格式,它兼顾了 BMP 的图像质量优势和 JPEG 的体积优势,在 CG 领域常作为影视动画的序列输出格式,因为它兼具体积小和 效果清晰的特点。

4.4.6　PNG 格式

PNG 是一种位图文件(Bitmap File)存储格式,其目的是试图替代 GIF 和 TIFF 文件格式。PNG 用来存储灰度位图时,灰度图像的深度可多达 16 位;用来存储彩色图像时,彩色图像的深度可多达 48 位;并且还可存储多达 16 位的 α 通道数据。PNG 使用由 LZ77 派生的无损数据压缩算法。PNG 格式图片因其高保真性、透明性及文件体积较小等特性,被广泛应用于网页设计、平面设计中。

4.4.7　WMF 格式

WMF 是 Windows Metafile 的缩写,简称图元文件,它是微软公司定义的一种 Windows 平台下的图形文件格式。WMF 格式文件的特点如下:

① WMF 格式文件是 Microsoft Windows 操作平台所支持的一种图形格式文件,目前,其他操作系统尚不支持这种格式,如 UNIX、Linux 等。

② 与 BMP 格式不同,WMF 格式文件是与设备无关的,即它的输出特性不依赖于具体的输出设备。

③ 其图像完全由 Win32 API 所拥有的 GDI 函数来完成。

④ WMF 格式文件所占的磁盘空间比其他任何格式的图形文件都要小得多。

⑤ 在建立图元文件时,不能实现即画即得,而是先将 GDI 调用记录在图元文件中,然后在 GDI 环境中重新执行,才可显示图像。

⑥ 显示图元文件的速度要比显示其他格式的图像文件慢,但是它形成图元文件的速度要远大于其他格式。

4.4.8　EPS 格式

EPS 称为被封装的 PostScript 格式,它主要包含以下几个特征:

① EPS 文件又被称为带有预视图像的 PS 格式,它是由一个 PostScript 语言的文本文件和一个(可选)低分辨率的由 PICT 或 TIFF 格式描述的代表像组成的。

② EPS 文件格式的"封装"单位是一个页面。

③ 其文本部分同样既可由 ASCII 字符写出,也可以由二进制数字写出。

④ EPS 文件虽然采用矢量描述的方法,但也可容纳点阵图像,只是它并非将点阵图像转换为矢量描述,而是先将所有像素数据整体以像素文件的描述方式保存。

4.4.9　PSD 格式

PSD(Photoshop Document)是著名的 Adobe 公司的图像处理软件 Photoshop 的专用

格式。这种格式可以存储 Photoshop 中所有的图层、通道、参考线、注解和颜色模式等信息。在保存图像时,若图像中包含层,则一般都用".psd"格式保存。PSD 格式在保存时会将文件压缩,以减少占用的磁盘空间,但 PSD 格式所包含图像数据信息较多(如图层、通道、剪辑路径、参考线等),因此比其他格式的图像文件要大得多。由于PSD 文件保留所有原图像数据信息,因而修改起来较为方便,但大多数排版软件不支持 PSD 格式的文件。

4.5 图像处理软件 Photoshop CS5

Adobe Photoshop CS5 是由 Adobe 公司(公司英文全称是 Adobe Systems Inc,始创于 1982 年,是广告、印刷和 Web 领域首屈一指的图形设计、出版和成像软件设计公司,同时也是世界上第二大桌面软件公司)出品的,有标准版和扩展版两个版本:标准版适合摄影师以及印刷设计人员使用;扩展版除了包含标准版的功能外,还添加了用于创建和编辑 3D 和基于动画内容的突破性工具。

1. Photoshop CS5 的主要特点

(1)快速应用图像校正

自动校正镜头扭曲、色差和晕影,或借助改进的镜头校正滤镜自定义精准校正;快速整理扭曲的图像;校正过度曝光的区域,同时不会影响图像的其余部分。

(2)专业级颜色和色调控制

借助行业领先的校正工具、HDR 色调和出众的 HDR 成像获得正确的颜色。

(3)应用 Camera Raw 处理

借助行业领先的 Adobe Photoshop Camera Raw 6 插件处理原始图像、JPEG、TIFF或 PNG 图像,无需过度锐化即可消除杂色,增加粒状或执行裁剪后暗角。

(4)实现智能图像编辑和增强

轻松选择和遮住细微的图像元素,消除背景色,将元素替换为内容感知型填充。应用无损智能滤镜,使用木偶变形调整图像元素,使用内容感知型缩放重排图像。

(5)出众的绘图和绘制工具

借助混色器画笔、毛刷笔尖和 GPU 加速绘图工具为数字画布带来真实感受。使用屏幕拾色器快速、轻松地调整颜色。

(6)执行最新合成

以新颖的方式工作,同时兼具精准性和高效率。还能调整不透明度和填充多个图层,顺畅混合图像,创建 360°全景,自动对齐图层,延伸景深等。

（7）简化的工作流程

确保项目顺畅地通过各个流程阶段。

（8）省时功能

更快地执行常见和罕见的图像编辑任务，无论是反转克隆源图像、添加调整图层、处理蒙版，还是对图像文件进行缩减像素采样。

（9）可扩展性很强

借助第三方插件和自定义面板进一步挖掘 Photoshop 的潜力。创建自己的颜色配置文件，开发自己的滤镜。

2. 应用领域

（1）平面设计

在平面设计领域里 Photoshop 是不可缺少的一个设计软件，广泛应用于包装、广告、海报等。

（2）网页设计

一个好的网页创意离不开图片。使用 Photoshop 不仅可以将图像进行精确的加工，还可以将图像制作成网页动画上传到网页中。

（3）后期处理

主要应用在效果图制作最后的加工，使效果图看起来更加生动、更加符合效果图本身的意境。

（4）相片处理

Photoshop 作为专业的图像处理软件，能够完成从输入到输出的一系列工作，包括校色、合成、照片处理、图像修复等，其中使用软件自带的修复工具加上一些简单的操作就可以将照片中的污点清除，通过色彩调整或相应的工具可以改变图像中某个颜色的色调。

4.5.1　Photoshop CS5 软件界面与功能

Photoshop CS5 的窗口环境是编辑和处理图形、图像的操作平台，它由视图工具栏、菜单栏、选项栏、工具箱等部分组成。Photoshop CS5 与之前的版本相比较，工作界面有了较大的改变，既可以将工具箱和控制面板展开，又可以将控制面板缩放到最小，以节省空间。Photoshop CS5 的工作界面如图 4-3 所示。

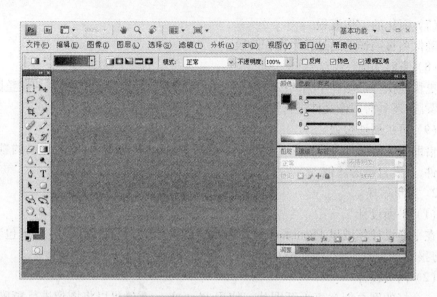

图 4-3　Photoshop CS5 的工作界面

1. 视图控制栏

用于控制当前操作图像的查看方法,比如显示比例、屏幕显示模式、文件窗口摆放方式、界面预设等功能,如图 4-4 所示。

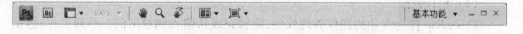

图 4-4　视图控制栏

2. 菜单栏

Photoshop CS5 的菜单栏共有 11 类近百种菜单命令,利用这些菜单命令既可完成如复制、粘贴等基础操作,也可以完成如调整图像颜色、变换图像、修改选区、对齐分布、链接图层等操作,如图 4-5 所示。

文件(F)　编辑(E)　图像(I)　图层(L)　选择(S)　滤镜(T)　分析(A)　3D(D)　视图(V)　窗口(W)　帮助(H)

图 4-5　菜单栏

3. 工具箱

Photoshop CS5 的工具箱中有上百个工具可供选择,使用这些工具可以完成绘图、编辑、变换和合成等工作,如图 4-6 所示。

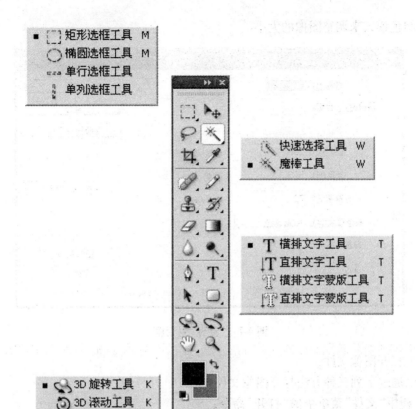

图4-6 工具箱

4.5.2 Photoshop CS5 图像基本操作

1. 图像的新建、打开和保存

（1）新建图像文件

新建图像有下列三种方法：

① 利用"文件"菜单中的"新建"命令；

② 按【Ctrl】+【N】组合键；

③ 按住【Ctrl】键后用鼠标左键双击窗口空白区域。

执行上述命令后出现如图4-7所示的对话框，可以通过设置图像的物理尺寸、分辨率和颜色模式来调整图像的大小。

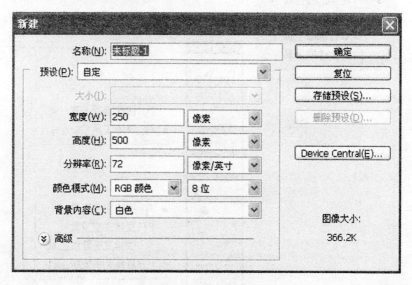

图 4-7 "新建"对话框

(2) 打开图像文件

可以通过下列三种方法打开图像文件：

① 利用"文件"菜单中的"打开"命令；

② 按【Ctrl】+【O】组合键；

③ 用鼠标左键双击窗口空白区域。

执行上述命令后均会出现如图 4-8 所示的对话框,在本地电脑中选择要打开的图像文件,单击"打开"按钮即可。

图 4-8 "打开"对话框

(3) 保存图像文件

利用 Photoshop CS5 保存图像文件有下列两种方式:

① 利用"文件"→"保存"命令。该保存方式可以在文件格式不改变的情况下快速存储当前正在编辑的图像文件。如果图像文件在打开后没有进行修改,则此命令处于灰色不可用状态;如果图像还未保存过,系统将弹出如图 4-9 所示的对话框。

② 利用"文件"→"保存为"命令。这种保存方式可以将正在编辑的图像文件以另一文件名或另一格式存储,而原来的图像文件不变。

图4-9 "存储为"对话框

2. 基本绘图功能

（1）选择颜色

Photoshop 使用前景色来绘画、填充和描边选区，使用背景色来生成渐变填充和在图像已抹除的区域中填充。一些特殊效果滤镜也使用前景色和背景色。

可以使用吸管工具、"颜色"面板、"色板"面板或 Adobe 拾色器指定新的前景色或背景色。默认前景色是黑色，默认背景色是白色（在 Alpha 通道中，默认前景色是白色，默认背景色是黑色）。当前的前景色显示在工具箱上面的颜色选择框中，当前的背景色显示在下面的框中。可以使用吸管工具从现用图像或屏幕上的任何位置采集色样以指定新的前景色或背景色。

（2）绘图工具

Adobe Photoshop CS5 提供多个用于绘制和编辑图像颜色的工具。画笔工具和铅笔工具与传统绘图工具的相似之处在于：它们都使用画笔描边来应用颜色。渐变工具、填充命令和油漆桶工具都将颜色应用于大块区域。橡皮擦工具、模糊工具和涂抹工具等都可修改图像中的现有颜色。

可以将一组画笔选项存储为预设,以便能够迅速访问经常使用的画笔特性。Photoshop 包含若干样本画笔预设,可以从这些预设开始,对其进行修改以产生新的效果。许多原始画笔预设可从 Web 上下载。

3. 图像的编辑

(1)选取区域

在 Photoshop 中,可以使用不同的工具来选取所需要的图像区域。

(2)选框工具

包括矩形、椭圆、单行和单列工具。使用矩形或椭圆选择区域时,按住【Shift】键可以将选框限制为正方形或圆形。

(3)套索工具

用自由手控的方式来选择不规则的区域,包括套索、多边形套索和磁性套索工具。

① 套索工具:先在工具箱中选择套索工具,然后在工作区中按下鼠标左键并拖动直至选出需要的区域后再松开鼠标。

② 多边形套索工具:建立手画直边选区,进行多边形不规则选择。多用于选取一些复杂的,但棱角分明、边缘呈直线的区域。

③ 磁性套索工具:建立紧贴对象边缘的选区边界。用于选取外形极其不规则的图形并且所选图形与背景的反差越大,选取的精度越高。

(4)魔棒工具

魔棒是一个很神奇的工具,当使用魔棒工具单击图像中的某一点时,附近与它颜色相同或相近的点,都将自动融入到选择区当中。魔棒工具选项中,可以指定色差范围,值在 $0 \sim 255$ 之间;输入值较小可以选择与所选像素非常相似的颜色,输入值较高则可以选择更宽的色彩范围。

(5)选择区域

"选择"菜单中有很多命令,能够实现对选择区域的修改和调整。

① 反选:可以将选择区与非选择区相互调换,这对于背景颜色单一但选择目标非常复杂的情况非常有用。

② 羽化:用在选择区域的边缘,可使选择区域淡化。

③ 变换选区:任意调整选择区的大小。

④ 载入和存储选区:可以先将当前选区存入到一个新的通道中,在需要的时候再从通道中调出来。

(6)擦除和移动图像

使用橡皮擦工具可直接擦除不需要的图像区域。也可以在选定擦除区域后,用前

景色或背景色进行填充。

移动工具可将一个图层上的整个图像或选择区域的部分图像移动到画布的任意位置。

（7）编辑图像

使用"编辑"菜单中的命令可以对选择区中的图像进行复制、剪切、粘贴、填充、描边等操作，也可以对图像进行自由变换。

（8）裁切图像

裁切工具可以帮助我们把图像按照需求进行裁切，选用裁切工具画出选区，然后进行相应的选择区调整，选定后按回车键或双击选区，选区外的图像部分将被裁掉。

（9）改变图像和画布大小

利用"图像"菜单中的"图像大小"命令，可以实现调整图像大小的功能。在弹出的对话框的"像素大小"栏中可以输入新的图像宽度和高度的值，也可以实现让图像宽、高等比例调整，保证图像不会变形。

利用"图像"菜单中的"画布大小"命令，可以调整画布的尺寸。在弹出的对话框中输入欲新建的画布大小数值，若新数值大于原画布数值，则在原图像周围扩展空间；若新数值小于原数值，则小于原数值的部分将会被自动裁掉。

（10）撤销操作

在编辑或修改图像的过程中，单击"编辑"菜单中的"还原"或"重做"命令，可以取消或重做前一步的操作。若想撤销或还原前几步的工作，则可以使用历史记录控制面板来实现。

4.5.3　Photoshop CS5 的图层

Photoshop 的图层就如同堆叠在一起的透明纸，透过图层的透明区域可以看到下面的图层。既可以移动图层来定位图层上的内容，也可以更改图层的不透明度以使内容部分透明。在任何一层上单独进行绘画或编辑操作，而不会影响到其他图层上的内容。将所有的层叠加起来，通过控制图像的色彩整合、透明度以及图层叠放顺序等，从而实现丰富的创意设计，如图 4-10 所示，最终的效果如图 4-11 所示。

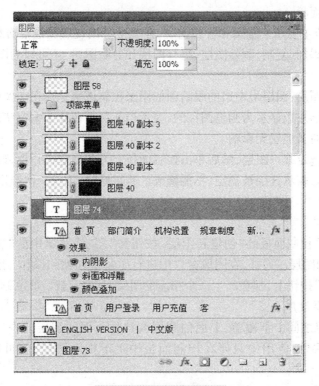

图 4-10　"图层"面板

图 4-11　效果图

1."图层"面板

"图层"面板主要用于编辑和管理图层,在其中可以设置图层混合模式、不透明度和填充透明度,添加、复制、删除图层,组合图层和剪贴图层,还可以为图层添加样式和蒙版效果。

隐藏/显示图层:图层最左边的眼睛图标用来控制该层是否在图像中可见。

当前层:图层左边显示为画笔图标的,表示当前层正在处于编辑状态,所有工作都在当前层进行,对其他层无影响。

锁定图层:选定某一图层,然后单击控制面板上方的锁定选择框,该图层右边会出现一个小锁图标,表示这层被锁定,不能修改。若想修改,再点一次锁定按钮即可解除锁定。

2.新建图层

使用"图层"控制面板的"创建新图层"按钮和"图层"菜单中的"新建"命令都可以建立一个新的图层。另外,在图像窗口中进行了复制和粘贴操作,或将某一个图层拖到"新建图层"按钮上,都会产生一个相应的图层,其内容就是所复制的图像。

3.调整图层顺序

图层与图层之间上下覆盖,上面的图层会挡住下面的图层的内容,因此它们的顺序调整也很重要,使用中只要在控制面板中上下拖动图层,就可以调整图层的顺序。

4.合并图层

当图层中的内容固定下来以后,就可以将这些图层合并为一层,合并图层后既可以减小文件的大小,又可以减少图层的显示,使控制面板界面简洁。

(1)合并相邻的两个图层

使用"图层"菜单中的"向下合并"命令,可以把当前层和它下面的一个图层合并成为一个图层。

(2)合并可见层

若需将不相邻的多个图层合并,可将其他图层隐藏(即在控制面板上将这些图层左边的眼睛图标点掉),然后执行"图层"菜单中的"合并可见层"命令,则可见的图层将会合并成一个图层。

(3)合并所有图层

使用"图层"菜单中的"拼合图像"命令,可以将当前图像的所有图层合并为一个图层,这样该图像就可以保存为其他不支持多图层的文件格式了。

4.5.4　Photoshop CS5 的路径

1. 路径的概念

简单地说,路径就是使用钢笔工具、自由钢笔工具和形状工具创建的路径或形状轮廓。通过编辑路径的锚点,用户可以改变路径的形状,制作出任意的图形。

2. 路径的主要特点

① 路径是矢量图形,不会失真。

② 可以用来制作线条和图形。

③ 可以将路径作为矢量蒙版来隐藏图层区域。

④ 可以将路径转换为选区。

⑤ 可以使用颜色填充或描边路径。

⑥ 可以在路径上环绕文字。

3. 路径的绘制和编辑

（1）绘制路径

用钢笔工具可以很轻松地绘制直线、曲线和有形状的路径,也可以使用自定义形状库绘制丰富多彩的图案。

（2）编辑路径

使用路径选择工具可以对路径进行选择和任意移动。使用增加锚点和删除锚点工具可以对锚点进行管理。通过控制面板还可以实现路径的重命名、复制、隐藏和删除等工作。

4.5.5　Photoshop CS5 的通道

通道是用来存放颜色信息的。Photoshop 将图像的颜色数据信息分开保存,我们将保存这些颜色信息的数据带称为"颜色通道",简称为通道。通道有两种:颜色通道和 Alpha 通道,颜色通道用来存放图像的颜色信息,Alpha 通道用来存放和计算图像的选区。

通道将不同色彩模式图像的颜色数据信息分开保存在不同的颜色通道中,可以通过对各颜色通道的编辑来修补、改善图像的颜色色调(例如,RGB 模式的图像由红、绿、蓝三原色组成,那么它就有三个颜色通道,除此以外还有一个复合通道)。也可将图像中的局部区域的选区存储在 Alpha 通道中,随时对该区域进行编辑。一个图像最多可以包含 24 个通道,其中包括颜色通道和 Alpha 通道,如图 4-12 所示。

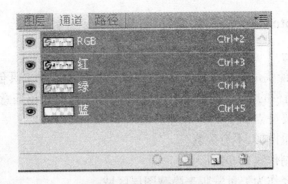

图 4-12　"通道"面板

4.5.6　Photoshop CS5 的滤镜

为了丰富照片的图像效果,摄影师们在照相机的镜头前加上各种特殊镜片,这样拍摄得到的照片就包含了所加镜片的特殊效果,即称为"滤色镜"。特殊镜片的思想延伸到计算机的图像处理技术中,便产生了"滤镜(Filer)",也称为"滤波器",它是一种特殊的图像效果处理技术。一般来说,滤镜都是遵循一定的程序算法,对图像中像素的颜色、亮度、饱和度、对比度、色调、分布、排列等属性进行计算和变换处理,使图像产生特殊的效果。

Photoshop 提供了多达上百种滤镜,而每一种滤镜都代表了一种完全不同的图像效果,所有针对滤镜的操作均可以用"滤镜"菜单中的命令得以实现。如果需要更多的滤镜效果,还可以从第三方网站下载滤镜插件进行安装。

4.5.7　Photoshop CS5 制作实例

利用 Photoshop CS5 打造 3D 文字特效,具体操作步骤如下:

① 新建一个文件,用文字工具输入"3D",字号根据桌布大小进行适当设置,如图 4-13 所示。

② 执行"3D 菜单"→"凸纹"→"文本图层"命令,选择第一种立体样式,凸出深度为 5,缩放为0.4,材质选择无纹理,其余默认,如图 4-14 所示。

图 4-13　新建文字

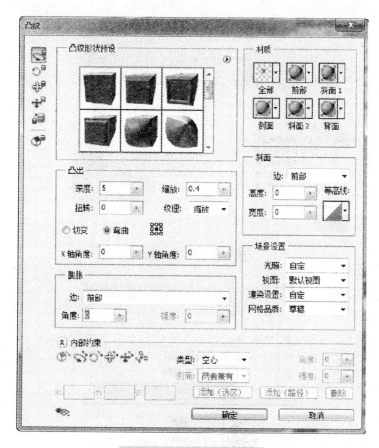

图4-14 "凸纹"对话框

③ 利用工具箱中的"3D 变换工具"对生成的 3D 文字进行移动变换以及旋转操作,直到满意为止,如图 4-15 所示。

④ 通过"窗口"菜单调出 3D 面板。3D 凸出材质中的漫射载入事先准备好的纹理,如图 4-16 所示。

多媒体技术与应用

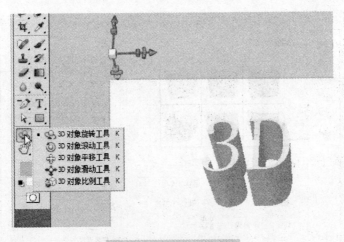

图 4-15　3D 变换工具

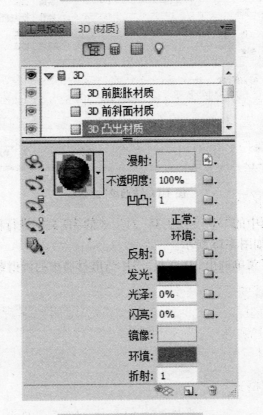

图 4-16　3D(材质)面板

⑤ 如果感觉纹理太粗了,可以选择编辑属性,对 U 比例和 V 比例进行调整。对 3D 前膨胀材质用同样的方法载入准备好的石材纹理,如图 4-17 所示。

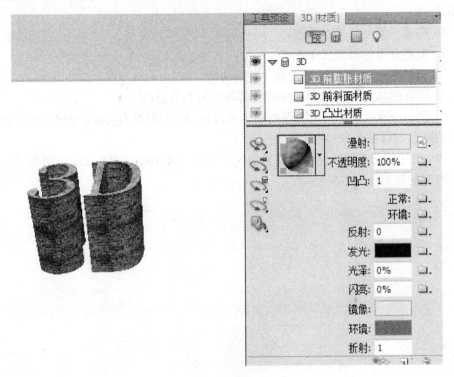

图 4-17　最终效果图

至此,一个简单的带有材质的 3D 效果文字就制作完成了。

本章小结

本章主要介绍了图像处理的基础知识,包括图像的基本概念、常见图像文件处理技术、图像文件的主要格式等内容,最后以最经典的图像处理软件 Photoshop 为例简单介绍了一些图像处理的操作。

习　题

1. _____被表示成每一个方向上的像素数量。

2. _____是当人眼看一种或多种波长的光时所产生的彩色感觉,它反映颜色的种类,是决定颜色的基本特性。

3. _____的结果是图像能够容纳的颜色总数,它反映了采样的质量。

4. _____格式是目前网络上最流行的图像格式,是可以将文件压缩到最小的格式。

5. 简述三基色的基本原理。

6. 简述常见的图像文件格式。

7. 熟悉 Photoshop CS5 的界面和各项功能。

8. 图像的描述信息(属性)主要有哪些?何为真彩色?

9. 颜色深度反映了构成图像的颜色总数目,某图像的颜色深度为16,则可以同时显示的颜色数目是多少?

10. 数字图像存储所需的数据量如何计算? 一幅 1024×768、256 色的数字图像,未压缩时的数据量为多少?

第5章

视频处理技术

数字技术的出现与应用为人类带来了深远的影响,人们如今已生活在一个几乎数字化的世界之中,VCD、DVD 等早已走进千家万户,数字电视正在全球范围内逐步开展,而数字视频处理技术则是应用最为广泛的数字技术之一。

5.1 视频基础知识

5.1.1 视频的基本概念

1. 视觉暂留现象

人眼有一种视觉暂留的生物现象,即人观察的物体消失后,物体映像在人眼的视网膜上会保留一个非常短暂的时间(约 0.1s)。利用这一现象,将一系列画面中物体移动或形状改变很小的图像,以足够快的速度连续播放,就会产生连续活动的场景。

2. 帧

帧是指在视频或者动画序列中的单个图像,帧数率指每秒被捕获的帧数或每秒播放的视频或动画序列的帧数。帧大小是指视频或动画序列中显示图像的大小,如果用于此序列的图像大于或小于当前的帧大小,那么它必须被调整大小或修剪。

3. 视频

视频又称为运动图像或活动图像,是指随时间动态变化的一组图像,一般由连续拍摄的一系列静止图像组成。

4. 视频信号

当影像的光源落在 CCD 摄影机的晶片上时,其像素即产生电量作用,而这个作用与落在晶片上的光线多少有相对关系,光线越多,产生的电流越大,此电流可从晶片上

读出并转变成视频信号。而晶片读取资料的方式依晶片种类的不同而有所差异。像素光线数量越大,视频信号的峰值越大。在合成视频信号中,最大峰值是0.7V。换句话说,白色或明亮的图片部分将有0.7V的信号强度,而黑色或者黑暗的部分则只有0V的信号。

5. 视频信号的主要特点

① 内容随时间变化;

② 有与画面同步的声音信号(即伴音)。

6. 视频的分类

(1)模拟视频

模拟视频是一种用于传输图像和声音并随时间连续变化的电信号。

优点:以模拟电信号记录,依靠模拟调幅手段在空间传播,使用盒式磁带存储在磁带上。

缺点:经过多次拷贝以后信号会产生失真,图像的质量随着时间的流逝而降低,模拟视频信号在传输过程中容易受到干扰。

(2)数字视频

数字视频由随时间变化的一系列数字化的图像序列组成。数字化过程包括采样、量化和编码,如图5-1所示。

模拟视频信号 → 采样 → 量化 → 编码 → 数字视频信号

图5-1　数字化过程

5.1.2　视频的扫描原理

视频扫描中要将每一帧的二维图像变成一维的像素串数据流,或者将一维像素串数据流变换为原图像的过程,在电视技术中称为扫描。

扫描频率是指一个画面在1s内被刷新的次数。刷新次数越多,即刷新频率越高。如果刷新频率较低,图像闪烁和抖动得就会越厉害,人的眼睛就会感觉越疲劳。扫描频率以Hz为单位,比如,一个画面每秒要进行80次的扫描刷新,它的扫描频率就是80Hz。屏幕的刷新频率一般在70Hz以上,这时,人的眼睛就基本上感觉不到屏幕的闪烁了。

1. 逐行扫描

电子束从显示屏的左上角一行接一行地扫到右下角,在显示屏上扫一遍就显示一幅完整的图像,如图5-2所示。

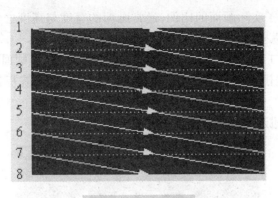

图 5-2　逐行扫描

2. 隔行扫描

在隔行扫描中,电子束扫描完第 1 行后,从第 3 行开始的位置继续扫描,再分别扫描第 5,7,…行,直到最后。所有奇数行扫描完后,再以同样的方式扫描偶数行。这时才构成一幅完整的画面,通常称其为帧。在隔行扫描中,一帧需要奇数行和偶数行两部分组成,我们分别将它们称为奇数场和偶数场,也就是说,要得到一幅完整的图像需要扫描两遍,如图 5-3 所示。

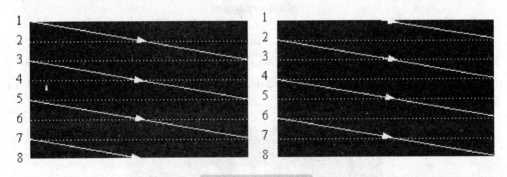

图 5-3　隔行扫描

扫描过程的一个重要参数是长宽比例。这是屏幕上水平扫描行与全部扫描行垂直覆盖的距离之比,可以将它看做帧的长宽比例。电视的长宽比例很早就被标准化为 4：3,其中电影可以使用 2：1。

5.1.3　视频的宽高比

视频画面的宽高比是指什么? 16：9 和 4：3 有什么区别? 网络上的 HDTV 下载后为什么上下有黑边? 要明白这些问题,我们必须了解视频宽高比的一些常识。

视频格式决定了实际画面的比例,通常画面的宽度与高度之比称为宽高比(Aspect Ratio,也称为纵横比或画面比例)。有用整数表示的,如4∶3;也有用小数表示的,如将4∶3写作1.33(读作"一三三")。这就是4∶3电视画面比例的由来。这种画面比例后来被美国电影艺术和科学学院所接受,称为学院标准(Academy Standard),如图5-4所示,一直到今天这仍是电视的主导标准。不过大部分国家正在用宽屏幕(16∶9)电视机逐渐取代标准电视机。

图 5-4　学院标准

电视的下一步发展方向是数字电视。而数字电视的屏幕比例为1.78∶1(16∶9),如图5-5所示。宽银幕的画面比例为1.85∶1,如图5-6所示。所以如果要把1.85∶1的电影搬上16∶9的电视,那简直再合适不过了,既不用进行什么裁切又能充分利用全部的480条扫描线。

图 5-5　宽屏幕电视

图 5-6　学院宽银幕

5.1.4　彩色视频的制式

在视频设备中,我们经常可以遇到信号制式,现在常见的视频信号制式有 PAL、NTSC 和 SECAM 三种,其中 PAL 和 NTSC 是应用最广的,PAL 是逐行倒相正交平衡调幅制,NTSC 是正交平衡调幅制。下面详细介绍这三个视频信号制式的概念。

1. PAL 制式

PAL 电视标准,每秒 25 帧,电视扫描线为 625 线,奇场在前,偶场在后,标准的数字化 PAL 电视标准分辨率为 720×576,24bit 的色彩位深,画面的宽高比为 4：3。

PAL 制式全名为 Phase Alternating Line,中文意思是逐行倒相,由德国人 Walter Bruch 在 1967 年提出,是电视广播中色彩编码的一种方法。它采用逐行倒相正交平衡调幅的技术方法,克服了 NTSC 制式相位敏感造成色彩失真的缺点。德国、英国等一些西欧国家,新加坡、中国大陆和中国香港、澳大利亚、新西兰等国家和地区采用这种制式。PAL 制式根据不同的参数细节,又可以进一步划分为 G、I、D 等制式,其中 PAL-D 制是中国大陆采用的制式。

2. NTSC 制式

NTSC 电视标准,每秒 29.97 帧(简化为 30 帧),电视扫描线为 525 线,偶场在前,奇场在后,标准的数字化 NTSC 电视标准分辨率为 720×486,24bit 的色彩位深,画面的宽高比为 4：3。NTSC 电视标准用于美国、日本等国家。

NTSC 是 National Television Systems Committee 的缩写,意思是"国家电视系统委员会制式"。NTSC 负责开发一套美国标准电视广播传输和接收协议。NTSC 标准从它们产生以来除了增加色彩信号的新参数之外没有太大的变化。NTSC 电视全屏图像的每一帧有 525 条水平线,这些线是从左到右从上到下排列的。每隔一条线是跳跃的。所以每一个完整的帧需要扫描两次屏幕:第一次扫描是奇数线,第二次扫描是偶

数线。每次半帧屏幕扫描需要大约 1/60s,整帧扫描需要 1/30s。NTSC 信号是不能直接兼容于计算机系统的,适配器可以将 NTSC 信号转换成为计算机能够识别的数字信号。相反,还有一种设备能将计算机视频转成 NTSC 信号,能将电视接收器当成计算机显示器使用。但是由于通用电视接收器的分辨率要比一台普通显示器低,所以即使电视屏幕再大也不能适应所有的计算机程序。

3. SECAM 制式

SECAM 制式又称为塞康制,是法文 Sequentiel Couleur A Memoire 的缩写,意思为"按顺序传送彩色与存储",1966 年由法国研制成功,它属于同时顺序制。在信号传输过程中,亮度信号按每行传送,而两个色差信号则逐行依次传送,即用行错开传输时间的办法来避免同时传输时所产生的串色以及由其造成的彩色失真。SECAM 制式的特点是不怕干扰,彩色效果好,但兼容性差。帧频为每秒 25 帧,扫描线为 625 行,隔行扫描,画面比例为 4:3,分辨率为 720×576。采用 SECAM 制式的国家主要为俄罗斯、法国、埃及等。

5.1.5　常见的视频文件格式

数字视频体系包括多媒体计算机对视频文件进行编码的格式以及识别和播放此格式文件的播放器。目前主要的数字视频体系有苹果公司的 QuickTime、微软的 Windows 媒体格式、RealNetworks 公司的 RealMedia 格式以及国际标准规定的 MPEG 格式。视频文件格式大致可分为两类:用于多媒体出版的普通视频文件和用于网络传输的流式文件。

常见的视频文件格式有以下几种:

1. AVI 格式

AVI(Audio Video Interleave)是一种标准的视频格式,由 Microsoft 公司在 1992 年开发制定,其文件以".avi"为后缀名。AVI 是一种音频、视频交叉文件格式,可以在微机上同步记录和播放音频、视频数据。AVI 视频文件的优点是调用方便、图像质量好,缺点是文件体积过于庞大。AVI 文件目前主要应用在多媒体光盘上,用来保存电影、电视等各种影像信息,有时也出现在 Internet 上,供用户下载、欣赏新影片的精彩片断。

2. MPEG 格式

MPEG 不是简单的文件格式,而是一种运动图像压缩算法的国际标准,MPEG 标准包括 MPEG 视频、MPEG 音频和 MPEG 系统(视频、音频同步)三个部分。MP3 音频文件就是 MPEG 音频的一个典型应用,而 Video CD (VCD)、Super VCD (SVCD)、DVD (Digital Versatile Disk)则是全面采用 MPEG 技术所产生出来的数字视频文件格式。

MPEG 的平均压缩比为 50∶1,最高可达 200∶1。

（1）MPEG-1

文件格式的扩展名包括". mpg"、". mlv"、". mpe"、". mpeg"及 VCD 光盘中的". dat"文件等。它被广泛应用在 VCD 的制作中,也被用于数字电话网络上的视频传输。

（2）MPEG-2

视频文件格式的扩展名包括". mpg"、". mpe"、". mpeg"、". m2v"及 DVD 光盘上的". vob"文件等。它被广泛应用在 DVD 制作方面,除此之外还为广播、有线电视网、电缆网络以及卫星直播提供广播级的数字视频。

（3）MPEG-4

视频文件格式的扩展名包括". asf"、". mov"、". avi"、". divx"和". xvid"文件等。现在的热门应用是把 DVD 内的 MPEG-2 视频文件转换为体积更小的视频文件。MPEG-4 潜在的应用领域十分广阔,如 Internet 和移动网络上的多媒体传输、交互式数字电视、基于存储器的交互式视频播放、交互式视频游戏、虚拟演播室等。

3. MOV 和 QuickTime 格式

MOV 和 QuickTime 文件格式是 Apple 公司开发的一种保存音频、视频文件的格式。它们包含了基于 Internet 应用的关键特性,能够通过 Internet 提供实时的数字化信息流、工作流与文件回放功能。

4. ASF 和 WMV 格式

ASF 和 WMV 是 Microsoft 公司推出的一种主要为存储、播放以及在网上实时传播多媒体的技术标准。ASF 文件使用 MPEG-4 压缩编码,所以压缩率和图像的质量都很不错。有独立的编码器将媒体信息编译成 ASF 流,然后发送到 NetShow 服务器,再由 NetShow 服务器将 ASF 流发送给网络上的所有 NetShow 播放器,从而实现单路广播或多路广播。

5. RA/RM/RMVB 格式

RA、RM 和 RMVB 是 RealNetworks 公司开发的一种新型流式视频文件格式 RealVideo(用以传输连续视频数据),主要用来在低速率的广域网上实时传输活动视频影像,可以根据网络数据传输速率的不同而采用不同的压缩比率,从而实现影像数据的实时传送和实时播放。同时,在数据传输过程中可边下载边播放视频影像,而不必像大多数视频文件那样,必须先完全下载才能播放。目前,Internet 上已有不少网站利用 RealVideo 技术进行重大事件的实况转播。

5.2 视频的压缩与编码

5.2.1 视频压缩的目标

数据压缩编码已经有很长的历史。压缩编码的理论基础是信息论。从信息的角度来看,压缩就是去除数据中的冗余,即保留不确定的信息,去除确定的信息(即可推知的信息),用一种更接近信息本质的描述来代替原有冗余的描述。

视频压缩的目标是在尽可能保证视觉效果的前提下减少视频数据率。视频压缩比一般指压缩后的数据量与压缩前的数据量之比。由于视频是连续的静态图像,因此其压缩编码算法与静态图像的压缩编码算法有某些共同之处,但是运动的视频还有其自身的特性,因此在压缩时还应考虑其运动特性才能达到高压缩的目标。

5.2.2 数字视频的压缩

如果使用数字视频,需要考虑的一个重要因素是文件大小,因为数字视频文件往往会很大,这将占用大量的硬盘空间。解决这些问题的方法就是压缩。使用文本文件,大小问题就显得不那么重要了,因为这种文件可以大幅度压缩——一个文本文件至少可以压缩90%,压缩率是相当高的(压缩率是指已压缩数据与未压缩数据之比值)。其他类型的文件,如 MPEG 视频或 JPEG 照片几乎无法压缩,因为它们是用非常紧密的压缩格式制成的。

1. 数字视频要压缩的原因

数字视频之所以需要压缩,是因为它原来的形式占用的空间大得惊人。视频经过压缩后,存储时会更方便。数字视频压缩以后并不影响作品的最终视觉效果,因为它只影响人的视觉不能感受到的那部分视频。例如,有数十亿种颜色,但是我们只能辨别大约 1024 种。因为我们觉察不到一种颜色与其邻近颜色的细微差别,所以也就没必要将每一种颜色都保留下来。还有一个冗余图像的问题,如在一个 60s 的视频作品中每帧图像中都有位于同一位置的同一把椅子,有必要在每帧图像中都保存这把椅子的数据吗?

压缩视频的过程实质上就是去掉我们感觉不到的那些东西的数据。标准的数字摄像机的压缩率为 5∶1,有的格式可使视频的压缩率达到 100∶1。但过分压缩也不是件好事。因为压缩得越多,丢失的数据就越多。如果丢弃的数据太多,产生的影响就显而易见了。过分压缩的视频会导致无法辨认。

设置最优的压缩设置,目的是将视频数据压缩到最小(前提是不影响观看效果),当数据丢失到从画面中能够明显看到时,再将压缩率稍微改小一点,从而在文件大小和画面质量之间达到最佳平衡。但要切记的是,每个视频作品都各不相同——有些视频经过高度压缩后看上去仍不错,有些却不是,所以只有通过试验才能得到最好的效果。

2. 位速说明

位速是指在一个数据流中每秒钟能通过的信息量。您可能看到过音频文件用"128Kbps MP3"或"64Kbps WMA"进行描述的情形。Kbps 表示"每秒千比特",因此数值越大表示数据越多:128Kbps MP3 音频文件包含的数据量是 64Kbps WMA 文件的两倍,并占用两倍的空间(不过在这种情况下,这两种文件听起来没什么两样。因为有些文件格式比其他文件能够更有效地利用数据,64Kbps WMA 文件的音质与 128Kbps MP3 的音质相同)。需要了解的一点是,位速越高,信息量越大,对这些信息进行解码的处理量就越大,文件需要占用的空间也就越多。

为项目选择适当的位速取决于播放目标:如果您想把制作的 VCD 放在 DVD 播放器上播放,那么视频必须是 1150Kbps,音频必须是 224Kbps。典型的 206MHz Pocket PC 支持的 MPEG 视频可达到 400Kbps,超过这个限度播放时就会出现异常。

3. 压缩策略

可以用多种不同的方法和策略压缩数字媒体文件,使之达到便于管理的大小。下面是几种最常用的方法:

(1)心理声学音频压缩

心理声学一词似乎很令人费解,其实很简单,它就是指"人脑解释声音的方式"。压缩音频的所有形式都是用功能强大的算法将我们听不到的音频信息去掉。例如,如果人扯着嗓子喊一声,同时轻轻地踏一下脚,我们可能会只听到人的喊声,而听不到踏脚的声音。通过去掉踏脚声,就会减少信息量,减小文件的大小,但声音听起来却没有区别。

(2)心理视觉视频压缩

心理视觉视频压缩与和其对等的音频压缩相似。心理视觉模型去掉的不是我们听不到的音频数据,而是去掉眼睛不需要的视频数据。假设有一个在 60s 的时间内显示位于同一位置的一把椅子的未经压缩的视频片段,在每帧图像中,都将重复这把椅子的同一数据。如果使用了心理视觉压缩,就会把一帧图像中椅子的数据存储下来,以在接下来的帧中使用。这种压缩类型叫做"统计数据冗余",是 WMV、MPEG 和其他视频格式用于压缩视频并同时保持高质量的一种技巧。

(3)无损压缩

无损一词的意思是"不丢失数据"。当一个文件以无损格式压缩时,全部的数据

仍然存在,这与压缩文档很相似:文档文件虽然变小了,但解压缩之后每一个字都还存在。您可以反复保存无损视频而不会丢失任何数据——这种压缩只是将数据压缩到更小的空间。无损压缩节省的空间较少,因为在不丢失信息的前提下,只能将数据压缩到这一程度。

(4)有损压缩

有损压缩通过丢弃一些数据,来获得较低的位速。心理声学压缩和心理视觉压缩是有损压缩技术,压缩结果是文件变小,但包含的源数据也更少。每次以有损文件格式保存文件时,都会损失很多数据,即使用同一种格式保存也是如此。通常只在项目的最后阶段才使用有损压缩。

(5)帧内和帧间压缩

帧内(Intraframe)压缩也称为空间压缩(Spatial Compression)。当压缩一帧图像时,仅考虑本帧的数据而不考虑相邻帧之间的冗余信息,这实际上与静态图像压缩类似。帧内一般采用有损压缩算法,由于帧内压缩时各个帧之间没有相互关系,所以压缩后的视频数据仍可以以帧为单位进行编辑。帧内压缩一般达不到很高的压缩率。

采用帧间(Interframe)压缩是基于许多视频或动画的连续前后两帧具有很大的相关性,或者说前后两帧信息变化很小的特点,也即连续的视频其相邻帧之间具有冗余信息,根据这一特性,压缩相邻帧之间的冗余量就可以进一步提高压缩量,减小压缩比。帧间压缩也称为时间压缩(Temporal Compression),它通过比较时间轴上不同帧之间的数据进行压缩。帧间压缩一般是无损的。帧差值(Frame Differencing)算法是一种典型的时间压缩法,它通过比较本帧与相邻帧之间的差异,仅记录本帧与其相邻帧的差值,这样可以大大减少数据量。

5.2.3 数字视频的编码

编码率/比特率直接与文件体积有关,且编码率与编码格式配合是否合适,直接关系到视频文件是否清晰。

在视频编码领域,比特率常翻译为编码率,单位是 Kbps。其中,1K = 1024,1M = 1024K,b 为比特(bit),是计算机中文件大小的计量单位,1KB = 8Kb,B 代表字节(Byte),s 为秒(second),p 为每(per)。

例如,800Kbps 表示经过编码后的数据每秒钟需要用 800Kb 来表示。

Windows 系统文件大小经常用 B(字节)为单位表示,但网络运营商则用 b(比特)表示,这就是 2Mb 速度宽带在计算机上显示速度最快只有约 256KB 的原因,网络运营商宣传网速的时候省略了计量单位。

完整的视频文件是由音频流与视频流两个部分组成的,音频和视频使用的是不同的编码率,因此,一个视频文件最终的编码率是音频编码率 + 视频编码率。例如,一个音频编码率为 128Kbps、视频编码率为 800Kbps 的文件,其总编码率为 928Kbps,意思是经过编码后的数据每秒钟需要用 928Kb 来表示。

了解了编码率的含义以后,根据视频播放时间长度,就不难了解和计算出最终文件的大小。编码率越高,视频播放时间越长,文件体积就越大。不是分辨率越大文件就越大,只是一般情况下,为了保证清晰度,较高的分辨率需要较高的编码率配合,所以使人产生分辨率越大的视频文件体积越大的感觉。

1. 输出文件大小的计算

计算输出文件大小的公式为:

[音频编码率(Kbps 为单位)/8 + 视频编码率(Kbps 为单位)/8]×影片总长度(s 为单位) = 文件大小(MB 为单位)

这样以后大家就能精确地控制输出文件的大小了。例如,有一个 1.5h(5400s)的影片,希望转换后的文件大小刚好为 700MB,计算方法如下:

$$\frac{700 \times 1024 \times 8}{5400} \text{Kbps} \approx 1061 \text{Kbps}$$

意思是只要音频编码率加上视频编码率之和为 1061Kbps,则 1.5h 的影片转换后文件体积大小刚好为 700MB。

当然未经压缩的文件的计算公式又不同。声音的计算公式为:

数据量(bps) = 采样频率(Hz)×采样位数(bit)×声道数

其中,单声道的声道数为 1,立体声的声道数为 2。

文件总字节 = 数据量×时间/8

例如,CD 即为未经压缩的音频文件,采样频率为 44.1kHz,16 位,双声道。

数据量 = 44.1×1000×16×2b ≈ 1.38Mb

一般情况下,MP3 压缩后为 128Kbps,如果以一张 CD 放一个小时计算的话,CD 总量 $= \frac{1.38 \times 3600}{8}$ MB = 621MB。CD 播放时间一般大约为一个小时,总量不超过 700MB。

图像的计算公式为:

数据量(bps) = 画面尺寸×彩色位数(bit)×帧数

文件总字节 = 数据量×时间/8

例如,2min、25 帧/秒、640×480 的分辨率、24 位真彩色数字视频未经压缩的数据量 = 640×480×24×25b = 184320000b = 180Mb,而 VCD、MKV 标准编码率(加上音频)分别为 1152Kbps 和 30Mbps(1080p 高清)。

2min 文件总字节 = 180Mb × 120/8 = 2700MB ≈ 2.64GB,而压缩后一部 90min 的高质量 DVD 电影数据量可以达到 9GB。

2. 常见视频编码格式

目前的视频编码格式主要有 MPEG、H. 264、WMA-HD、VC-1。事实上,现在网络上流传的视频主要以两类文件的方式存在:一类是经过 MPEG-2 标准压缩,以". tp"和". ts"为后缀名的视频流文件;一类是经过 WMV-HD(Windows Media Video High Definition)标准压缩过的 wmv 文件,还有少数文件后缀名为". avi"或". mpg",其性质与 wmv 是一样的。其中以 H. 264 与 VC-1 这两种编码格式最为流行。

(1) MPEG 编码格式

MPEG(Motion Picture Experts Group)是一种运动图像压缩算法的国际标准,也是应用最普遍的一种。从它衍生出来的格式非常多,包括 mpg、mpe、mpa、m15、m1v、mp2 等。MPEG 格式包括 MPEG 视频、MPEG 音频和 MPEG 系统(视频、音频同步)三个部分。

MPEG-1 压缩算法被广泛应用在 VCD 的制作中,MPEG-1 的压缩算法可以将一部 120min 的电影(原始视频文件)压缩到 1.2GB 左右大小。利用这种压缩算法制成的文件格式一般为 mpg 和 dat 文件。

MPEG-2 压缩算法则应用在 DVD 的制作上,同时也在一些 HDTV(高清晰电视广播)和一些高要求视频编辑、处理有相当的应用。使用 MPEG-2 的压缩算法可将一部 120min 的电影(原始视频文件)压缩到 4 ~ 8GB 大小,当然其图像质量方面的指标是 MPEG-1 所无法比拟的。利用这种压缩算法制成的文件格式一般为 vob 文件。

MPEG-4 是一种新的压缩算法,使用这种压缩算法可以将一部 120min 长的电影(原始视频文件)压缩至 300MB 左右。现在,MPEG 的这种压缩算法被许多编码格式沿用,如 ASF、DivX、Xvid、mp4(Apple 公司的 MPEG-4 编码格式)等都采用了 MPEG-4 的压缩算法。

(2) H. 264 编码格式

H. 264 是由国际电信联盟(ITU)所制定的新一代的视频压缩格式。H. 264 最具价值的部分是更高的数据压缩比、同等的图像质量,H. 264 的数据压缩比能比当前 DVD 系统中使用的 MPEG-2 高 2 ~ 3 倍,比 MPEG-4 高 1.5 ~ 2 倍。正因为如此,经过 H. 264 压缩的视频数据,在网络传输过程中所需要的带宽更少,也更加经济。在 MPEG-2 需要 6Mbps 的传输速率匹配时,H. 264 只需要 1 ~ 2Mbps 的传输速率,目前 H. 264 已经获得 DVD Forum 与 Blu-ray Disc Association 采纳,成为新一代 HD DVD 的标准,不过 H. 264 解码算法更复杂,计算要求比 WMA-HD 还要高。

总的来说,H. 264 的特点是能够以更低的码率得到更高的画质,相同效果的

MPEG-2 与 H.264 影片做比较,后者在容量上仅需前者的一半左右。这也就意味着,H.264 不仅能够节省 HDTV 的存储空间,而且还可以在手机等带宽较窄的网络上传输高质量的视频,可以说应用前途一片光明。但 H.264 编码的影片在播放的时候对硬件系统也提出了非常高的要求。据相关资料显示,H.264 的影片编码过程的复杂度是 MPEG-2 的 10 倍,解码的复杂度是 MPEG-2 的 3 倍,这对于 CPU 来说是很沉重的负担,而显卡芯片如果要整合硬件解码模块,其难度也随之加大。

(3) WMV-HD 编码格式

由于美国微软公司强势的推广,再加上 WMV-HD 很高的压缩率,WMV-HD 很快就成了 HDTV 视频压缩格式中的后起之秀,网上采用 WMV-HD 格式的 HDTV 文件处处可见,其数量并不逊色于采用 MPEG-2 格式的 HDTV 文件。

(4) VC-1 编码格式

VC-1(Video Codec One)是微软所开发的视频编解码系统,2003 年提出标准化申请(最早名字是 VC-9),2006 年 4 月正式成为美国电影和电视工程师协会 SMPTE 的标准。VC-1 基于微软的 WMV9 格式,而 WMV9 格式现在已经成为 VC-1 标准的实际执行部分。VC-1 最终被 HD DVD 和 Blu-ray 写入支持规格中。

在 MPEG-2 和 H.264 之后,VC-1 是最后被认可的高清编码格式。相对于 MPEG-2,VC-1 的压缩比更高,但相对于 H.264 而言,编码解码的计算则要稍小一些。目前来看,VC-1 可能是一个比较好的平衡,辅以微软的支持,应该是一只不可忽视的力量。从压缩比上来看,H.264 的压缩比率更高一些,也就是同样的视频,通过 H.264 编码算法压缩出来的视频容量要比 VC-1 的更小,但是 VC-1 格式的视频在解码计算方面则更小一些,一般通过高性能的 CPU 就可以很流畅地观看高清视频。

视频编码的优劣取决于编码器(Encoder)的优劣。在 MPEG-2 时代,DVD 制作公司很多都依赖硬件编码器进行视频压缩。随着 CPU 的速度越来越快,软件编码器以其灵活性逐渐占了上风。微软在这个方面投资巨大,用专门的团队来对 VC-1 编码器进行不断地更新和完善。所以从高清正式登场的 2006 年起,微软主导的 VC-1 编码器一直领先于对手。目前产品已经接近成熟,编码一部影片,需要人工调整之处越来越少。画质也越来越稳定。

5.3 视频编辑软件 Adobe Premiere Pro 的使用

Adobe Premiere Pro 建立了在 PC 上编辑数码视频的新标准。我们对它进行了重新设计,把它从原来的基础级提升到能够满足那些需要在紧张的时限和更少的预算下

进行创作的视频专业人员的应用需求，Premiere Pro 中的新架构允许我们快速响应客户的需求，提供更强大的、能够有效生成漂亮视频项目的应用。Premiere Pro 在制作工作流中的每一方面都得到了实质性的发展，允许专业人员用更少的渲染进行更多的编辑。Premiere 编辑器能够定制键盘快捷键和工作范围，创建一个熟悉的工作环境，诸如三点色彩修正、YUV 视频处理、具有 5.1 环绕声道混合的强大的音频混频器和 AC3输出等专业特性都得到进一步的增强。Premiere Pro 为专业人员提供了编辑素材获得播放品质所需要的一切功能。

5.3.1　Adobe Premiere Pro 的工作界面

Premiere 的默认操作界面主要分为素材框、监视器调板、效果调板、时间线调板和工具箱五个主要部分，在效果调板的位置，通过选择不同的选项卡，可以显示信息调板和历史调板，如图 5-7 所示。

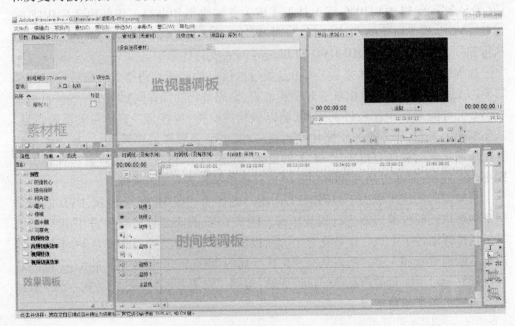

图 5-7　Adobe Preminere Pro 的工作界面

5.3.2　Adobe Premiere Pro 的创作流程

Adobe Preminere Pro 的创作流程如下：

① 创建一个新项目；

② 导入和管理素材；

③ 编辑素材；

④ 添加视频转场；

⑤ 添加视频特效；

⑥ 制作运动视频；

⑦ 添加字幕；

⑧ 预演影片效果；

⑨ 输出电影

后面的章节我们会详细讲解，这里就不一一介绍。

5.3.3 视频处理中的常用术语

1. 像素

像素是组成图像的最小单元。计算机的图像是由数排像素组成的，每个像素可以显示不同的色彩，通常被用于度量一个图像的单元。

2. 关键帧

所谓关键帧是指在一个素材中特定的帧，标记出关键帧是为了特殊编辑或控制流动、回放及整个动画的其他特征。

3. 捕捉

"捕捉视频"这个说法是从模拟视频时代延续下来的，使用模拟视频设备的时候，计算机想要得到视频内容时需要使用一个名为捕捉卡的高速 DA 转换视频设备来完成这个工作。

4. 场景

一个场景也可以称为一个镜头，它是视频作品的基本元素，大多数情况下是指摄像机一次拍摄的一小段内容。

5. 导入和导出

导入是指将一个数据从一个程序带入另一个程序的过程，一旦被导入，数据将被改变以适应新的程序而不改变源文件；导出是在应用程序间分享文件的过程，当文件导出时，数据通常被转换为接收程序可识别的格式，源文件保持不变。

6. 转场

两个场景之间如果直接连接起来的话，通常会感到有些突兀，这时使用一个切换效果在两个场景之间进行过渡就会显得自然很多。

7. 渲染

渲染是指以项目中的来源文件创建最终影片的过程。

8．覆叠

在项目中已有的素材上叠加视频或图像素材的操作。

9．视频滤镜

视频滤镜是指用来改变视频素材外观的方法，如马赛克和涟漪。

10．动画

通过迅速显示一系列连续的图像而产生的动态模拟。

11．字幕

字幕并不只是文字，图形、照片、标记都可以作为字幕放在视频作品中。

5.3.4 使用 Adobe Premiere Pro 处理视频

1．预设新项目

① 启动 Adobe Premiere Pro，此时出现如图 5-8 所示的项目窗口选项。

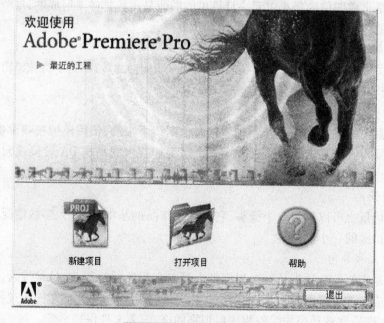

图 5-8 项目窗口选项

② 单击"新建项目"图标按钮，打开"新建项目"对话框，如图 5-9 所示。

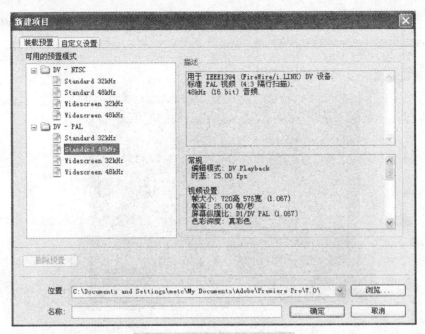

图 5-9 "新建项目"对话框

③ 根据需要选择合适的设置并为文件命名,创建一个新的编辑项目,单击"确定"
按钮即可进入 Premiere Pro 的编辑界面。

2. 为视频添加字幕

在 Premiere Pro 中,文字和图形的创建工作是在字幕设计窗口中完成的,如图5-10
所示。

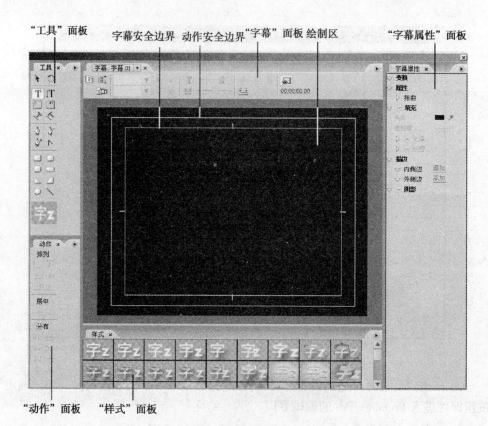

"工具"面板　字幕安全边界　动作安全边界"字幕"面板　绘制区　"字幕属性"面板

"动作"面板　"样式"面板

图 5-10　字幕设计窗口

① 新建字幕，如图 5-11 所示。

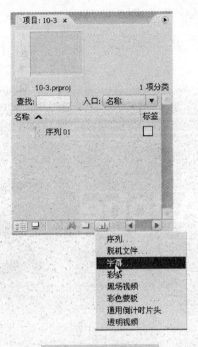

图 5-11　新建字幕

② 在"滚动/游动选项"对话框中,选择字幕类型,然后单击"确定"按钮,如图5-12 所示。

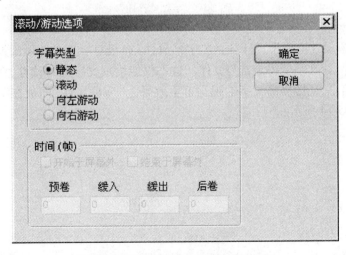

图 5-12　"滚动/游动选项"对话框

③ 在"绘制区"内输入字幕,如图 5-13 所示。

图 5-13　绘制区

④ 在字幕设计窗口中,可以通过"字幕属性"面板对字幕或图形添加阴影、描边、斜角边等效果,让文字变得丰富与立体。这不仅能增加文字的可读性,在图像背景上更好地传递信息,还能提高文字的视觉审美效果。"字幕属性"面板在字幕设计窗口的右侧,如图 5-14 所示。

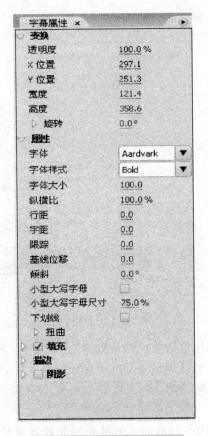

图5-14 "字幕属性"面板

⑤ 通过 Premiere 内置的大量模板，能够更快捷地设计字幕。可以直接套用模板，也可以对模板中的图片、填充、文字等元素进行修改后使用。模板修改后，也可以保存为一个新的模板，以方便其他项目的调用。自制的字幕也可存储为模板，随时调用。使用字幕模板将大大提高工作效率，如图5-15 所示。

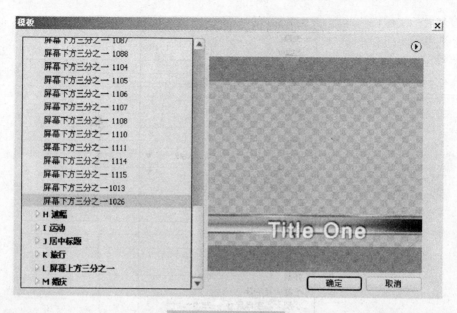

图 5-15　字幕模板

　　虽然说字幕本身在制作之初就已经被分为"静态字幕"和"动态字幕",但是真正使字幕运动起来并且效果显著却多半是由于视频切换效果和视频滤镜效果的加入产生的。优秀的字幕效果能够为整个作品增加艺术性,使视频内容更加连贯生动。

　　3. 视频图像的叠加

　　Premiere 有很好的视频叠加功能。但被叠加的背景通常是单色或者极简单的图案,否则叠加效果不理想。所谓叠加就是"把不想叠加的部分透明",而透明处理往往是单色的最好。

　　例如,若想把自己叠加到海边。那么海边的背景视频在第二轨道。你的视频则是站在蓝色单色背景下拍摄的视频(比如在蓝布面前走动)。当把你的视频导入第一轨道时,海边背景是看不到的。这时若执行"透明度"命令,使蓝色透明,海边的背景就显现出来,就像你在海边走动的效果。

　　抠像又称为键控,是使图像的某一部分透明,将所选颜色或亮度从画面中去除,去掉颜色的图像部分透明,显示出背景画面,没有去掉颜色的部分仍旧保留原有的图像,以达到画面合成的目的。通过这种方式,单独拍摄的画面经抠像后可以与各种景物叠加在一起。例如,天气预报播报员与背后气象图的结合;一些电视剧中的角色在天上飞、云中走的画面等。这些合成特技,需要事先在蓝屏或绿屏前拍摄素材,如主持人播报的视频,在后期制作时使用抠像技术剔除原有的蓝色或绿色背景信号,再合成到另外的背景如气象图中。通过抠像特效不仅使艺术创作的丰富程度大大增强,而且也为难以拍摄的镜头提供了替代解决方案,同时降低了拍摄成本。抠像特效通过不同的方法使部分剪辑变得透明。展开"效果"面板的"视频特效"→"键"特效组,其中包含很多特效,基本可分为以下三类:

(1) 色彩、色度类特效

包括"蓝屏键"、"色度键"、"颜色键"、"无红色键"和"RGB 差异键"。

(2) 亮度类特效

包括"亮度键"。

(3) 蒙版类特效

包括"四点蒙版扫除"、"八点蒙版扫除"、"十六点蒙版扫除"、"差异蒙版键"、"图像蒙版键"、"轨道蒙版键"、"移除蒙版"。

4. 导入并处理声音

(1) 导入音频素材

① 新建一个项目文件名为"音频的编辑",打开工作窗口。

② 在"项目"窗口空白处双击鼠标,导入音频素材到"项目"窗口中。

③ 将音频文件从"项目"窗口拖到"时间轴"窗口的音频 1 轨道上。

(2) 音频素材的处理

① 我们可以使用剃刀工具将音频素材文件进行分割。

② 利用"效果控制"选项卡中的"音频特效"来调节音频的音量。在"效果控制"选项卡下,出现"音频特效"选项,其中包含"旁路"和"电平"两个参数,如图 5-16 所示。

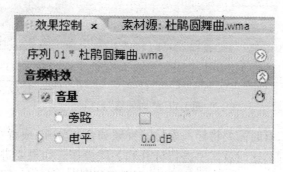

图 5-16 "效果控制"选项卡

③ 调节音频的持续时间和速度。使用鼠标右击时间轴音频 1 轨道中的音频素材,在快捷菜单中选择"速度/持续时间"命令,在弹出的对话框中输入修改后要达到

的速度"200",我们发现随着播放速度的提高,持续时间选项会自动将时间变短。单击链接标记,锁形的标记会变成断开的形状,这时速度与持续时间不再互相影响。

④调节音频增益。音频素材的增益是指音频信号的声调高低。当同一个视频同时出现几个音频素材的时候,就要平衡几个素材的增益;否则一个素材的音频信号或低或高,会影响浏览。用鼠标单击音频素材,在"素材"菜单中选择"音频选项"下的"音频增益"命令,弹出"素材增益"对话框,在该对话框中进行设置。

⑤添加音频切换效果。音频文件和视频文件一样可以使用切换效果。最常用的效果是"恒定放大"效果,可以实现音频文件音量的淡入/淡出控制。在"效果"面板中找到"音频切换效果"文件夹,将"交叉淡化"中的"恒定放大"效果使用鼠标拖动的方法放在时间轴音频轨道上需要加入切换效果的音频素材之间。单击刚加入的音频切换效果图标,可以在打开的"效果控制"选项卡中看见音频切换效果的属性。设置后,音频文件在此处会产生音量"由低到高"或"由高到低"的变化。"恒定放大"切换效果使音频增益呈曲线变化。

在"时间线"窗口中导入一段带有视频和音频的素材,选中该素材并拖动它,会发现视频和音频始终作为一个整体在移动,如图5-17所示。这说明,它的视频和音频之间是相关的。

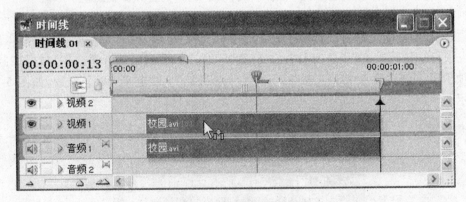

图5-17 "时间线"窗口

在编辑过程中,有时需要将导入素材的视频和音频分开,或者将原本不相干的视频和音频关联在一起,这时就需要进行分开和关联操作。如果要进行分开操作,可选中素材,然后选择"素材"→"解除音视频链接"菜单命令。此时,再拖动其中的视频和音频素材,会发现它们可以单独移动了。

5. 虚拟片段

虚拟片段是指在"时间线"窗口中所选择的源片段中的所有素材的综合虚构产

物,但可以像真实素材一样使用。它是一个只存在于"时间线"窗口中的虚拟的素材,可以同时包括一段时间范围内的几条轨道上的多个素材信息。

虚拟片段有以下几种主要用途:

① 反复使用一段制作好的片段。如果创建了一个包括多个叠加视频、音频轨的简短序列,并且想使用它10次,只需10次创建虚拟片段即可。在虚拟片段的基础上还可以制作出虚拟片段来,称为虚拟片段的嵌套。Premiere 6.5 允许有多达64个层次的嵌套。

② 将不同的设置应用于这个序列的不同拷贝。如果想重复播放这个序列,但每次使用不同的滤镜,则可以在添加滤镜之前创建一个虚拟片段,再对每个实例单独使用滤镜。

③ 一次更新所有相同的分散序列。只要编辑源区域中的片段就可同时更新虚拟片段的所有实例,从而大大提高工作效率。

④ 将设置不止一次地应用于同一片段。利用虚拟片段来给同一片段加入第二种或更多种的过渡、多次设置运动属性或添加滤镜等。

制作虚拟片段的方法:单击"块选择工具",在轨道上拖出四方形,被虚线框住的片段表示被选中。将鼠标放在虚框中会变成虚拟片段标记。此时,拖动虚拟片段到空闲的地方,当出现黑色方条的时候表示可以放置。可以看出,虚拟片段有明显的颜色特征(淡绿色),在它的名称"空片段"下有两组时间数码,分别表示所选源片段块在时间标尺上的开始和结束点。创建好一个虚拟剪辑之后,用户可以整体上对这段剪辑进行各种特技操作。

6. 视频的裁剪

所谓一段素材的入点,就是指这一段素材的起始点,素材的出点就是它的终结点。当原始素材被装入"时间线"窗口之后,这一段素材中往往会有许多的冗余部分,需要剪掉它们时就要对素材的入点和出点进行重新设置,以改变素材的起点、终点以及持续时间。选择"入点工具",在片段上单击,则入点以前的素材部分被删除。选择"出点工具",在片段上单击,则出点以后的素材部分被删除。

7. 视频的特殊效果

视频特效一般是为了使视频画面达到某种特殊效果,从而更好地表现作品的主题。有时也用于修补影像素材中的某些缺陷。Premiere Pro 中的视频特效被分类保存在15个文件夹中,如图5-18所示。

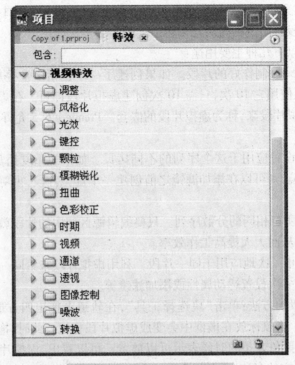

图 5-18 "视频特效"文件夹

在 Premiere Pro 中,添加视频转场效果的步骤如下:

① 首先打开"视频特效"文件夹,选择所需要的视频特效,如图 5-19 所示。

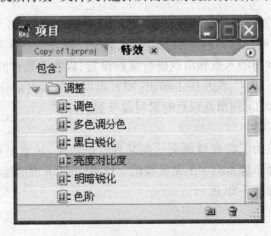

图 5-19 选择所需的视频特效

② 然后将它拖放到"时间线"窗口中的素材上,添加了视频特效的素材上将会出现一条线,表示添加成功,如图 5-20 所示。

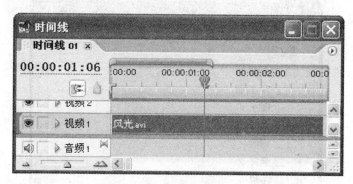

图 5-20　添加视频特效

　　如果要将不需要的特效删除,只需在"时间线"窗口中选中素材,然后在"监视器"窗口的"特效控制"面板中,选中要删除的视频特效项,直接按【Delete】键即可。

　　8. 视频的后期处理

　　(1) 使用时间重置特效

　　Premiere Pro CS5 新增了一个"时间重置"特效,和以前版本中的"速度/持续时间"特效对整段剪辑的速度调整不同,"时间重置"可以通过关键帧的设定实现一段剪辑中速度的变化。例如,一段人骑自行车的视频,可以先加快自行车运动的速度,再减缓自行车运动的速度,还可以在运动过程中创建倒放、静帧的效果。使用"时间重置",不需要像使用"速度/持续时间"特效那样,同时改变整个剪辑的运动状态。

　　使用关键帧,可以在"时间线"面板或者"效果控制"面板中直观地改变剪辑的速度。时间重置的关键帧与运动特效关键帧很类似,但是有一点不同:一个时间重置关键帧可以被分开,以在两个不同的播放速度之间创建平滑过渡。当第一次为剪辑添加关键帧并调整运动速度时,创建的是突变的速度变化。当关键帧被拖曳分开,并且经过一段时间时,这两个分开的关键帧之间会生成一个平滑的速度过渡。

　　(2) 视频转场

　　Premiere Pro CSS 共提供了 73 种视频转场效果,它们被分类保存在 10 个文件夹中,如图 5-21 所示。

　　添加视频转场效果的步骤如下:

　　① 选择"项目"窗口中的"特效"选项卡,单击"视频转场"文件夹前面的展开图标,将会展开一个视频转场的分类文件夹列表。通过单击某一类文件夹左侧的展开图

标,即可打开当前文件夹下的所有转场。

图 5-21 "视频转场"文件夹

　　② 选中所需的转场,将它拖放到"时间线"窗口中两个视频素材相交的位置,在添加了转场的素材起始端或末尾端就会出现一段转场标记,如图 5-22 所示。

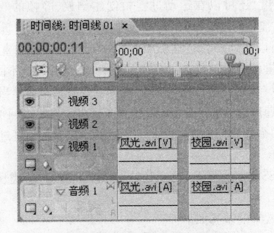

图 5-22 添加视频转场效果

若要删除不需要的视频转场,只需在转场标记上单击鼠标,然后直接按键盘上的【Delete】键即可。

(3)视频的输出设置

制作一部完整的影片通常需要很多步骤的操作。影片合成输出所花费的时间比较长,为了保证一次输出成功,最好在预演满意后再输出。

① 影片输出前,最好先进行一番整理工作以提高合成效率。比如将不需要进行合成的轨道和素材统统设为禁用,对"时间线"窗口中的工作区进行设定等。

② 预演有以下两种方法:按回车键,将会生成预览电影,不过这个过程很慢;如果希望快速显示效果,可按下【Alt】键后拖动游标,在监视窗口预演。

③ 选择"文件"→"输出"→"影片"菜单命令,将打开"输出影片"对话框,如图5-23所示。

图5-23 "输出影片"对话框

④ 设置好输出影片的路径和文件名后,单击对话框右下角的"设置"按钮,将弹出"输出电影设置"对话框,如图5-24所示。

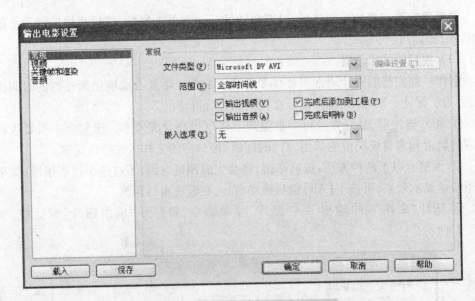

图 5-24 "输出电影设置"对话框

⑤ 设置好各项参数后,单击"确定"按钮,回到"输出电影"对话框,再单击右下角的"保存"按钮就可以输出作品了。

本章小结

最能吸引民众眼球的媒体是什么,无疑是影视。过去,要编辑影视特技,只能由拥有昂贵装备的专业人员进行。如今,只要在 PC 上装有 Premiere Pro,一切都变得不再困难。人们可以依据已有的素材,使用该软件制作出令人叹为观止的影视作品,记载下自己的阅历或者对人生的感悟。

本章主要介绍了视频处理技术的基础知识和最常见的视频编辑软件 Premiere Pro 的使用方法,讲解了视频特效、视频转场、字幕、声音处理等方面的操作流程。

习 题

1. 国际上流行的视频制式标准主要有哪些? 它们的主要特点是什么?

2. 常用的视频文件格式有哪些?

3. 彩色视频的制式有哪些?

4. 视频压缩主要有哪些基本方法? 各有什么特点?

5. 什么是模拟视频和数字视频?

6. 请列举出常用的视频播放软件并介绍其主要特点和应用领域。
7. 制作抠像的视频特效可以分为哪几大类？
8. 简单介绍逐行扫描和隔行扫描。
9. 什么叫做帧和关键帧？
10. 简述 Premiere Pro 的基本功能和作用。

第6章

计算机动画

计算机动画是多媒体应用系统中不可缺少的重要技术之一。动画是通过连续播放一系列画面,给人们的视觉造成连续变化的图画。

6.1 概　述

6.1.1　传统动画与计算机动画

由于制作技术和手段的不同,动画可分为以手工绘制为主的传统动画和以计算机制作为主的计算机动画。

1. 传统动画

传统动画是由美术动画电影传统的制作方法移植而来的。它利用了电影原理,即人眼的视觉暂留现象,将一张张逐渐变化的并能清楚地反映一个连续动态过程的静止画面,经过摄像机逐张逐帧地拍摄编辑,再通过电视的播放系统,使之在屏幕上活动起来。

传统动画有着一系列的制作工序,它首先要将动画镜头中每一个动作的关键及转折部分设计出来,也就是要先画出原画,根据原画再画出中间画,即动画,然后还需要经过一张张地描线、上色,逐张逐帧地拍摄录制等过程。

2. 计算机动画

计算机动画是采用连续播放静止图像的方法产生景物运动的效果,也即使用计算机产生图形、图像运动的技术。

计算机动画的原理与传统动画基本相同,只是在传统动画的基础上将计算机技术用于动画的处理和应用,并可以达到传统动画所达不到的效果。由于采用数字处理方式,动画的运动效果、画面色调、纹理、光影效果等可以不断改变,输出方式也多种多样。

6.1.2 计算机动画的分类

计算机动画按照制作手法的不同,可分为二维动画和三维动画。二维动画是依靠场景和人物的平面绘制,做成一幅一幅的图片然后连续起来形成的。三维动画则是使用三维设计软件进行人物场景的建模,再进行连续的动作形成的。二维动画画面精致而三维动画画面要略显粗糙,三维动画的真实感比二维动画强一些,这就是立体与平面的区别。

计算机动画按照图形、图像的生成方式,又可分为实时动画和逐帧动画。实时动画也称算法动画,它是采用各种算法来实现运动物体的运动控制。逐帧动画也称帧动画,是通过计算机产生动画所需的每一帧画面并将它们记录下来,然后一帧一帧显示动画的图像序列而实现运动的效果。

6.1.3 计算机动画的应用领域

随着计算机技术的不断发展,计算机动画越来越被人们所看重。计算机动画广泛应用于动画片制作、广告、电影特技、教学演示、训练模拟、作战演习、产品模拟试验及电子游戏等。

6.1.4 计算机动画制作软件

随着多媒体技术的广泛使用,使用计算机来制作动画变得越来越普遍,图形、图像制作、编辑软件的介入极大地方便了动画的绘制,降低了成本消耗,减少了制作环节,提高了制作效率。对于二维动画,创作时可以使用 Adobe ImageReady、Gif Animator、Flash 等,对于三维动画的制作可以使用 3DS Max、Maya、Softimage 等软件。下面我们来简单介绍几种常用的计算机动画制作软件。

1. Gif Animator

Gif Animator 是一款专门用做平面动画制作的软件,操作、使用都十分简单,比较适合非专业人士使用,这款软件提供"精灵向导",使用者可以根据向导的提示一步一步地完成动画的制作,同时,它还提供了众多帧之间的转场效果,实现画面间的特色过渡。

这款软件的主要输出类型是 Gif,因此主要用来做一些简单的动画制作。

2. Flash

Flash 是由 Macromedia 公司出品的一款功能强大的二维动画制作软件,后被 Adobe 公司收购,它具有很强的矢量图形制作能力,提供了遮罩、交互的功能,支持 Alpha

遮罩的使用,并能对音频进行编辑。Flash 采用了时间线和帧的制作方式,不仅在动画方面有强大的功能,在网页制作、媒体教学、游戏等领域也有广泛的应用。Flash 是交互式矢量图和 Web 动画的标准。网页设计者使用 Flash 能创建漂亮的、可改变尺寸的以及极其紧密的导航界面。无论是专业的动画设计者还是业余动画爱好者,Flash 都是一个很好的动画设计软件。

3. Cool 3D

Cool 3D 是由 Ulead 公司出品的一款专门用做三维文字动态效果的文字动画软件,主要用来制作影视字幕和界面标题。

这款软件操作简单,它采用的是模板式操作,使用者可以直接从软件的模板库里调用动画模板来制作文字三维动画,只需先用键盘输入文字,再通过模板库挑选合适的文字类型,选好之后双击即可应用效果。同样,对于文字的动画路径和动画样式也可从模板库中进行选择,十分简单易行。

4. 3DS Max

3DS MAX 是由 Autodesk 出品的一款三维动画制作软件,功能很强大,可用做影视广告、室内外设计等领域。它的光线、色彩渲染都很出色,造型丰富细腻,跟其他软件相配合可产生很专业的三维动画制作效果。

这款软件采用的是关键帧的操作概念,通过起始帧和结束帧的设置,自动生成中间的动画过程,使用很广泛。

5. Maya

Maya 也是由 Autodesk 公司出品的一款三维动画制作软件。Maya 的应用对象是专业的影视广告、角色动画、电影特技等。Maya 功能完善,工作灵活,易学易用,制作效率极高,渲染真实感极强,是电影级别的高端制作软件。由于对计算机的硬件配置要求比较高,所以一般应用于专业工作站上,随着个人计算机性能的提高,使用者也逐渐多了起来。

Maya 软件主要分为 Animation(动画)、Modeling(建模)、Rendering(渲染)、Dynamics(动力学)、Live(对位模块)、Cloth(衣服)六个模块,有很强大的动画制作能力,很多高级、复杂的动画制作都是用 Maya 来完成的,许多影视作品中都能看到用 Maya 制作的绚丽的视觉效果。

6. Poser

Poser 主要用于人体建模,常配合其他软件来实现真实的人体动画制作。它的操作也很直观,只需鼠标就可实现人体模型的动作扭曲,并能随意观察各个侧面的制作效果。它有很丰富的模型库,使用者通过选择可以很容易地改变人物属性,另外它还提供了服装、饰品等道具,双击它即可调用,十分简单。

6.2　二维动画制作软件 Flash CS5

　　Flash 具有向量绘图与动画编辑功能,能简易地制作连续动画、互动按钮,可以不需要任何程序脚本即可在网页中增加交互式多媒体。交互式的动画和影音同步效果使网页绘图更加生动活泼,使用了 Flash 制作的任何对象,皆可以用时间轴与动态路径的动画设计方式,由浅入深,容易学习与使用。只有以向量为基础的 Flash 多媒体,才能流畅地呈现在 Internet 上,即使放大和缩小也不降低本身的质量。

　　Flash 向量绘图与动画编辑所制作出来的图档及动画档,与点阵式文档或 Quick-Time 影片文档相比,文件大小差了将近 10 倍,大大节约了网页的下载时间。所设计出来的动画还能拥有极炫的影音互动与视觉效果。

6.2.1　Flash CS5 的工作界面

　　启动 Flash CS5,进入 Adobe Flash Professional CS5 的工作界面,除了和其他软件一样具有标题栏和菜单栏之外,还包括一些 Flash 所特有的组成部分,如工具栏、舞台、工具箱、"时间轴"窗口及浮动面板等,如图 6-1 所示。

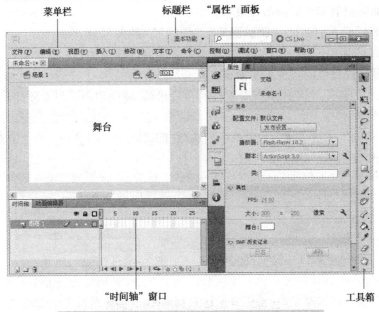

图 6-1　Adobe Flash Professional CS5 的工作界面

　　和其他软件一样,在 Flash 的标题栏上提供了对程序窗口进行控制的按钮,如"关闭"、"最大化"、"最小化"和"还原"等,通过单击这些按钮,可对程序窗口进行控制。

　　1. 菜单栏

　　菜单栏中共提供了 11 个主菜单,分别为"文件"、"编辑"、"视图"、"插入"、"修改"、"文本"、"命令"、"控制"、"调试"、"窗口"和"帮助",每个菜单中都包含不同的菜单项,能够实现不同的功能。下面来详细介绍菜单栏中的具体命令及其作用。

　　● "文件"菜单:包含了设置文本的"字体"、"大小"、"样式"、"对齐"等方式的命令。

　　● "编辑"菜单:用来对图像文件进行编辑的命令的集合。"编辑"菜单中包含了"剪切"、"复制"、"粘贴"、"时间轴"、"编辑元件"等基本操作命令。

　　● "视图"菜单:包含了"放大"、"缩小"、"标尺"、"网格"、"辅助线"等操作命令。

　　● "插入"菜单:包含了"新建元件"、"时间轴"、"场景"等操作命令。

　　● "修改"菜单:包含了"文档"、"转换为元件"、"分离"等操作命令。

　　● "文本"菜单:包含了设置文本的"字体"、"大小"、"样式"、"对齐方式"等内容的命令。

　　● "命令"菜单:包含了能够执行"导入动画"、"导出动画"等操作的命令。

　　● "控制"菜单:包含了"测试影片"、"测试场景"、"循环播放"等控制命令,利用这些命令能够播放制作后的影片效果。

　　● "调试"菜单:包含了"调试影片"、"继续"、"跳入"等命令。

　　● "窗口"菜单:主要用于对打开的图像文件进行管理和对工作区进行设置,以及显示或隐藏软件提供的各种控制面板。

　　● "帮助"菜单:主要用于查看软件的在线帮助,辅助用户学习本软件。

　　2. 工具栏

　　选择"窗口"→"工具栏"子菜单中的选项,即可在窗口中显示三个工具栏:主工具栏、编辑栏和控制器,如图 6-2 所示。

图 6-2　主工具栏、编辑栏和控制器

由图中可以看出,在主工具栏中提供了一些常用的编辑命令,每个图标都代表了主菜单中的相应命令,这样当需要执行菜单中的某个命令时,只要单击这些图标按钮即可。在主工具栏中,从左到右依次包括下面的图标按钮:

- "新建"按钮:可用来新建一个 Flash 文件。
- "打开"按钮:可打开已经保存过的 Flash 文件。
- "转到 Bridge"按钮:可以在计算机中选择需要的素材图片进行浏览或打开。
- "保存"按钮:保存完成编辑的 Flash 文件。
- "打印"按钮:将当前正打开的文件进行打印输出。
- "剪切"按钮:将所选的对象剪切到剪贴板中。
- "复制"按钮:将所选的对象复制到剪贴板中。
- "粘贴"按钮:将剪切或复制到剪贴板中的内容粘贴到指定的位置。
- "撤销"按钮:撤销上一步的操作。
- "重做"按钮:恢复上一步的操作。
- "贴紧至对象"按钮:单击该按钮可使对象进入"吸附"状态,这样可准确定位绘制或移动的对象。在设置动画路径时,可以自动将对象吸附到路径上,但只限于粗略的调整。
- "平滑"按钮:选择对象后单击该按钮可使所选的曲线或图形的外形趋向平滑,多次单击具有累加效果。
- "伸直"按钮:单击该按钮,可使所选的曲线或图形的外形更加平直,多次单击同样具有累加效果。
- "旋转与倾斜"按钮:单击该按钮可改变所选对象的旋转和倾斜度。
- "缩放"按钮:单击该按钮可缩放所选对象,以改变对象的大小。
- "对齐"按钮:单击该按钮将打开"对齐"面板,使用该面板可使舞台中的多个所选对象按照指定的方式排列对齐。

编辑栏通常位于每个文档窗口标题栏的下方,主要用于显示当前文档中场景的数量、使用的元件名称、视图显示比例等信息;而控制器主要用于控制影片的播放情况,如开始播放、暂停、前进、倒退等。

3. 舞台

舞台是指工作界面中央的大片空白区域,这也是 Flash 的主要工作组件之一,在创建影片时,大部分的编辑工作都是在舞台中完成的,由于位于舞台外部的对象在播放时是无法显示的,所以这些对象都必须在舞台上进行设置。

用户可直接使用工具箱中所提供的工具在舞台上绘制图形,也可以导入其他格式的图形或图像,以设置影片中各个帧上的内容。默认状态下舞台的尺寸为 550×400

像素,背景颜色为白色,当然用户在制作影片时也可以自定义画布,具体操作步骤如下:

① 如果当前"属性"面板没有在窗口中显示,可执行"窗口"→"属性"命令,或按快捷键【Ctrl】+【F3】,都将打开"属性"面板。

② 此时可直接在"属性"面板中更改舞台的背景颜色,操作时只要单击"舞台"右侧的色块,然后在弹出的调色板中选择合适的颜色即可。

③ 设置"FPS"选项参数可指定影片的帧频。

④ 单击"大小"选项参数,可直接指定舞台的的宽度和高度。

⑤ 单击"编辑文档"按钮,将会打开"文档设置"对话框,如图6-3所示。

在"尺寸"文本框中输入参数值,可分别设置舞台的宽度和高度;单击"背景颜色"色块,在弹出的调色板中可选择舞台的背景颜色。

在"帧频"文本框中输入参数值可指定影片的帧频;在"标尺单位"下拉列表中可选择当前文档所使用的度量单位,包括"像素"、"英寸"、"毫米"等。

在"匹配"选项组中可使分辨率与所选的选项相适配。选择"打印机"单选按钮,可使分辨率与打印机的分辨率相适配;选择"内容"单选按钮,可使分辨率与舞台中的内容相适配;而选择"默认"单选按钮可使分辨率与默认的舞台工作区的分辨率相适配。

如果要将当前各选项保存为默认设置,可单击"设为默认值"按钮,最后单击"确定"按钮,关闭该对话框。

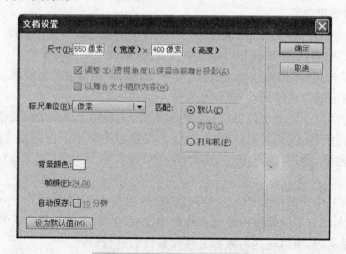

图6-3 "文档设置"对话框

4. 工作区

工作区就是在完成的 Flash 影片中看不到的工作空间。虽然最终输出的影片中看不到工作区,但在制作影片动画的过程中它却是不可缺少的,在舞台区域外的对象,虽然不会在最终的影片中,但是为了使动画制作更加方便,可以先在工作区内进行操作,之后把制作完成的部分移至舞台区域内,当然用户可以根据需要调整舞台的大小。

5. 工具箱

工具箱是 Flash CS5 的重要组件之一,使用其中所提供的工具可绘制、涂色、选择和修改图形,或者更改舞台视图的显示状态。

执行"窗口"→"工具"命令可在窗口中显示或隐藏工具箱,默认状态下工具箱位于窗口的最右侧,用户也可根据需要将其拖动到窗口中的任意位置,如图 6-4 所示。

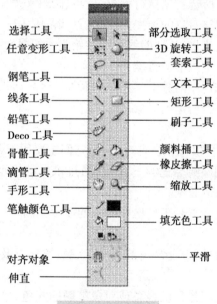

图 6-4　工具箱

工具箱可分为四个组成部分,即"工具"区、"查看"区、"颜色"区和"选项"区,下面分别来介绍一下:

（1）"工具"区

该区域中包含 16 种常用的图形绘制、编辑和选择工具。使用这些工具可创建直线、矩形、圆形、曲线或文字等各种对象,并可对它们进行各种形式的编辑和修改。下面来简单介绍一下各个工具的作用。

● 选择：该工具主要用于选择、移动舞台中的对象，或改变对象的形状和大小，默认情况下该工具处于选择状态。

● 部分选取：使用该工具可对节点进行编辑，以修改对象的形状和大小。

● 线条：用于绘制不同长度和角度的矢量线段。

● 套索：用于选择舞台上不规则区域内的多个对象。

● 钢笔：用于绘制自由形状的贝塞尔曲线。

● 文本：用于在舞台上输入和编辑文本对象。

● 椭圆：用于绘制椭圆，如果同时按住【Shift】键，将会绘制一个圆形。

● 矩形：用于绘制矩形、正方形以及圆角矩形。

● 铅笔：用于绘制自由形状的矢量曲线。

● 刷子：用于绘制不同粗细和形状的矢量图形，或者进行涂色。

● 任意变形：用于对所选对象执行缩放、旋转、倾斜等操作。

● 填充变形：用于调整对象的渐变方向、位置和范围等。

● 墨水瓶：用于修改矢量线段、曲线和图形轮廓线的属性。

● 颜料桶：用于对矢量图形进行填充。

● 滴管：用于吸取舞台中对象上某一点的属性。

● 橡皮擦：用于擦除舞台上的对象。

（2）"查看"区

该区域中包含"手形"和"缩放"两个工具，它们主要用于调整视图的显示状态。

● 手形：主要用于调整舞台的显示位置，通过鼠标的拖动，可以移动舞台工作区的位置，以便于观察和编辑对象。

● 缩放：主要用于改变舞台工作区和对象的显示比例。

（3）"颜色"区

该区域中的工具主要用于设置线条、对象笔触、填充以及文本的颜色。下面分别来介绍一下：

● 笔触颜色：用于设置绘制的线条或对象笔触的颜色，单击色块将会弹出一个调色板，用户可从中选择合适的颜色，以用做线条和轮廓线的颜色。

● 填充色：用于设置所选对象的填充颜色或文本颜色，单击色块将会弹出一个调色板，用户同样可从中选择所需的颜色。

● "黑白"按钮：单击该按钮可将所选对象的颜色设置为默认颜色，即笔触颜色为黑色，填充颜色为白色。

● "没有颜色"按钮：可将所绘对象的笔触或填充设置为无色。

● "交换颜色"按钮：可交换当前的笔触和填充颜色。

（4）"选项"区

该区域中的内容不是固定的,它将根据当前所选工具的不同而进行动态的调整。在其中将显示当前所选工具的功能键,这些功能键将影响工具的某些编辑操作。例如,当用户在"工具"区选择"橡皮擦"工具之后,"选项"区中将显示"橡皮擦形状"按钮,单击该按钮,从弹出的列表中选择橡皮擦的大小以及形状。

如果要用到工具箱中的某个工具,只要在其中单击相应的图标按钮,或在键盘上按下该工具的快捷键即可将其选中。当工具箱底部的"选项"区内显示相应的功能键后,即可再指定各项参数。

6. "时间轴"窗口

默认状态下"时间轴"窗口位于舞台的下方,该窗口可分为两个组成部分:其左侧为图层控制区,主要用于管理图层,如创建普通图层、引导层、遮罩层或删除图层,控制图层是否可见,锁定图层及以轮廓线方式显示图层对象等;右侧为时间轴控制区,主要用于控制和设置动画,如可指定影片中各对象的出场顺序、动画方式、影片的播放帧数、各场景的切换等设置,如图6-5所示。

图6-5 "时间轴"窗口

7. "属性"面板

在工作界面的右侧提供了"属性"面板这一组件,其中的内容将随着用户正在使用的工具或资源发生变化,使用"属性"面板可以很容易地访问舞台或时间轴上当前选定项的最常用属性,从而简化了文档的创建过程。用户也可以在"属性"面板中更改对象或文档的属性,而无需再访问包含这些功能的菜单或面板。

注意:"属性"面板内显示的内容取决于当前选定的内容,当未选择任何内容时,"属性"面板中将会显示当前文档的属性。

当选择某项内容后,"属性"面板中将可能显示文本、元件、形状、位图、视频、组、

帧或工具的信息和设置等，如图 6-6 所示。

图 6-6   选择某项内容后的"属性"面板

当选取两个或多个不同类型的对象时，"属性"面板中将会显示所选对象的总数，如图 6-7 所示。

图 6-7   选择多个不同类型对象的"属性"面板

8．"库"面板

"库"面板是用于保存和编辑影片中使用的对象，如"元件"、"音频"、"视频"、"图像"等,按下快捷键【Ctrl】+【L】即可打开"库"面板。在制作影片时,在"库"中选择相应的元件或图像将其拖曳至舞台中,即可对其进行编辑。

9. 其他面板

除了"属性"面板和"库"面板之外,为了方便操作,在舞台右侧还有"颜色"、"样本"、"对齐"、"变形"等面板,根据不同的需要,可以选择"窗口"命令后,在弹出的菜单中选择任意面板或需要的面板,即可打开该面板,此时在菜单中面板名称前有一个"√",表示该面板处于显示状态。如果需要关闭面板,可以单击面板中右上角的"关闭"按钮或选择"窗口"菜单中相应的面板名称。

6.2.2 元件和实例的概念

1. 元件(Symbol)

Flash 里面有很多时候需要重复使用素材,这时我们就可以把素材转换成元件,或者干脆新建元件,以方便重复使用或者再次编辑修改。也可以把元件理解为原始的素材,通常存放在"库"中。元件必须在 Flash 中才能创建或转换生成,它有三种类型,即影片剪辑(MC)、图形、按钮。元件只需创建一次,然后即可在整个文档或其他文档中重复使用。

影片剪辑元件可以理解为电影中的小电影,可以完全独立于场景时间轴,并且可以重复播放。影片剪辑是一小段动画,用在需要有动作的物体上,它在主场景的时间轴上只占 1 帧,就可以包含所需要的动画,影片剪辑就是动画中的动画片断。"影片剪辑"必须要进入影片测试中才能观看到。

图形元件是可以重复使用的静态图像,它是作为一个基本图形来使用的,一般是静止的一幅图画,每个图形元件占 1 帧。

按钮元件实际上是一个只有 4 帧的影片剪辑,但它的时间轴不能播放,只是根据鼠标指针的动作做出简单的响应,并转到相应的帧,通过给舞台上的按钮添加动作语句而实现 Flash 影片强大的交互性。

在 Flash 中,元件是最终要进行表演的演员,而它所在的库就相当于演员的休息室,场景是演员要进行表演的最终舞台。

"休息室"中的演员随时可进入"舞台"演出,无论该演员出场多少次甚至在"舞台"中扮演不同角色,动画发布时,其播放文件仅占有"一名演员"的空间,节省了大量资源。

2. 实例(Instance)

沿用上面的比喻,演员从"休息室"走上"舞台"就是"演出",同理,"元件"从"库"中进入"舞台"就被称为该"元件"的"实例"。

如图 6-8 所示,从"库"中将"元件 1"向场景拖放 3 次(也可以复制场景上的实

例),这样,"舞台"中就有了"元件1"的3个"实例"。

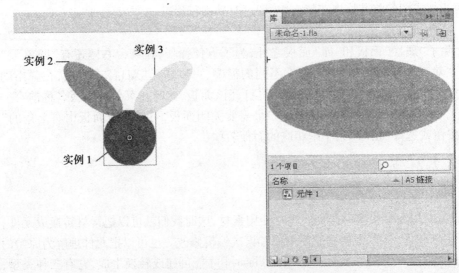

图6-8　"元件1"的3个"实例"

试着分别把各个"实例"的颜色、方向、大小设置成不同样式,具体操作可以用不同的面板配合使用。"实例1"的改变可以在"属性"面板中设置它的"宽"、"高"、"色调"参数,如图6-9所示。

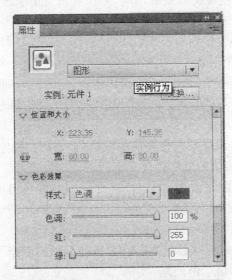

图6-9　"实例1"的"属性"面板设置

　　"实例2"的颜色变换可通过"属性"面板中"色调"参数来改变，"实例2"的外形变换可以通过"变形"面板设置，具体设置如图6-10所示。

图6-10　"实例2"的"变形"面板的设置

　　注意：对于实例的位置、外形、旋转、倾斜等属性的编辑可以直接用鼠标进行，但利用相关面板可以精确设置属性的数值。

　　在"变形"面板的操作中，还得注意"约束"选项，如果该选项被选中，那么实例的"宽"、"高"将同步改变。另外，"旋转"设置框中的"正"号表示顺时针旋转，"负"号表示逆时针旋转。

　　同"实例2"一样，"实例3"也要在"变形"面板和"属性"面板中进行相应的设置。

　　实例不仅能改变外形、位置、颜色等属性，还可以通过"属性"面板改变它们的"类型"。

6.2.3　Flash CS5 中逐帧动画的制作

1. 逐帧动画的概念和在时间轴上的表现形式

　　在时间轴上逐帧绘制帧内容称为逐帧动画，由于是一帧一帧地画，所以逐帧动画具有非常大的灵活性，几乎可以表现任何想表现的内容。

　　逐帧动画在时间轴上表现为连续出现的关键帧，如图6-11所示。

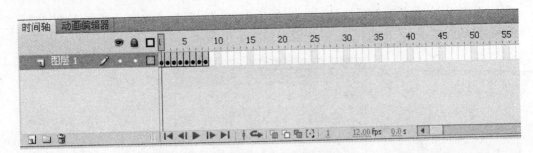

图 6-11　逐帧动画

2. 创建逐帧动画的几种方法

（1）用导入的静态图片建立逐帧动画

将 jpg、png 等格式的静态图片连续导入到 Flash 中，就会建立一段逐帧动画。

（2）绘制矢量逐帧动画

用鼠标或压感笔在场景中一帧一帧地画出帧内容。

（3）文字逐帧动画

用文字作帧中的元件，实现文字跳跃、旋转等特效。

（4）指令逐帧动画

在"时间轴"面板上，逐帧写入动作脚本语句来完成元件的变化。

（5）导入序列图像

可以导入 gif 序列图像、swf 动画文件或者利用第三方软件（如 Swish、Swift 3D 等）产生的动画序列。

6.2.4　Flash CS5 中补间动画的制作

补间动画是 Flash 最基本的动画之一。补间动画有两大类：形状补间动画和动作补间动画。

在 Flash CS5 中，补间动画的创建方式有三种："创建补间形状"（即形状补间动画）、"创建补间动画"和"创建传统补间"（创建补间动画和创建传统补间都属于动作补间动画）。其中"创建补间形状"的操作与早期的 Flash 版本相同，创建补间动画和创建传统补间是从 Flash CS4 开始出现的。

"创建传统补间"动画的顺序是：先在时间轴上的不同时间点定好关键帧（每个关键帧都必须是同一个元件），然后在关键帧之间选择传统补间。这个动画是最简单的点对点平移，就是一个元件从一个点匀速移动到另一个点。没有速度变化，没有路径偏移（弧线），一切效果都需要通过后续的其他方式（如引导线、动画曲线）去调整。

"创建传统补间动画"的创建过程是:定头、定尾、做动画(开始帧、结束帧、创建动画动作)。

新出现的"创建补间动画"则是在舞台上画出一个元件以后,不需要在"时间轴"面板的其他地方再创建关键帧,直接在那层上选择补间动画,会发现那一层变成蓝色,之后,只需要先在"时间轴"面板上选择需要加关键帧的地方,再直接拖动舞台上的元件,就自动形成一个补间动画了,并且这个补间动画的路径可以直接显示在舞台上,并且可以通过调动手柄来调整路径。"创建补间动画"的创建过程则是:定头、做动画(开始帧、选中对应帧、改变对象位置)。

最主要的一点是,"创建传统补间动画"是两个对象生成一个补间动画,而"创建补间动画"是一个对象的两个不同状态生成一个补间动画,这样,就可以利用新补间动画来完成大批量或更为灵活的动画调整。

1. 形状补间动画

先在一个关键帧中绘制一个形状,然后在另一个关键帧中更改该形状或绘制另一个形状,Flash 根据两者之间的帧的值或形状来创建的动画被称为"形状补间动画"。

(1) 构成形状补间动画的元素

形状补间动画可以实现两个图形之间颜色、形状、大小、位置的相互变化,其变形的灵活性介于逐帧动画和动作补间动画两者之间,使用的元素多为用鼠标或压感笔绘制出的形状,如果使用图形元件、按钮、文字,则必先"打散"才能创建形状补间动画。

(2) 形状补间动画在"时间轴"面板上的表现

形状补间动画建好后,"时间轴"面板的背景色变为淡绿色,在起始帧和结束帧之间有一个长长的箭头,如图 6-12 所示。

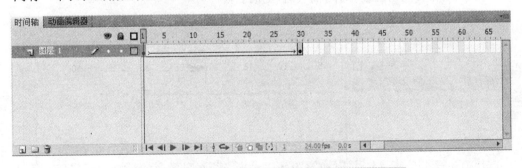

图 6-12 "创建补间形状"在"时间轴"面板上的标记

(3) 创建形状补间动画的方法

在"时间轴"面板上动画开始播放的地方创建或选择一个关键帧并设置要开始变

形的形状,一般一个帧中以一个对象为好,在动画结束处创建或选择一个关键帧并设置要变成的形状,再单击开始帧,单击鼠标右键,在弹出的快捷菜单中选择"创建补间形状"命令。此时,一个形状补间动画就创建完毕了。

2. 动作补间动画

在一个关键帧上放置一个元件,然后在另一个关键帧改变这个元件的大小、颜色、位置、透明度等,Flash 根据两者之间帧的值创建的动画被称为动作补间动画。

构成动作补间动画的元素是元件,包括影片剪辑、图形元件、按钮、文字、位图、组合等,但不能是形状,只有把形状"组合"或者转换成"元件"后才可以做"动作补间动画"。

(1)形状补间动画和动作补间动画的区别

形状补间动画和动作补间动画都属于补间动画。前后都各有一个起始帧和结束帧,两者之间的区别如表 6-1 所示。

表6-1　形状补间动画和动作补间动画的区别

区别之处	动作补间动画	形状补间动画
在时间轴上的表现	淡紫色背景	淡绿色背景
组成元素	影片剪辑、图形元件、按钮、文字、位图等	形状,如果使用图形元件、按钮、文字,则必先打散再变形
完成的作用	实现一个元件的大小、位置、颜色、透明等的变化	实现两个形状之间的变化,或一个形状的大小、位置、颜色等的变化

(2)动作补间动画在"时间轴"面板上的表现

动作补间动画建立后,"时间轴"面板的背景色变为淡紫色,如图 6-13 所示。

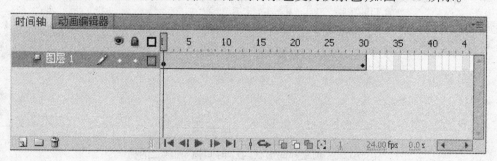

图6-13　"创建补间动画"在时间轴上的表现

(3)创建动作补间动画的方法

在"时间轴"面板上动画开始播放的地方创建或选择一个关键帧并设置为一个元件,一帧中只能放一个项目,选择开始帧,单击鼠标右键,在弹出的快捷菜单中选择"创建补间动画"命令,在动画要结束的地方创建或选择一个关键帧并设置该元件的属性,就建立了动作补间动画。

(4)认识动作补间动画的"属性"面板

在"时间轴"面板的"动作补间动画"的起始帧上单击,帧的"属性"面板会变成如图 6-14 所示的样子。

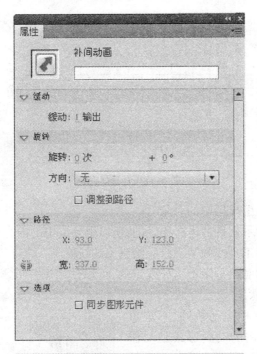

图 6-14　"创建补间动画"的"属性"面板

6.2.5　Flash CS5 中引导层动画的制作

1．引导层动画的定义

将一个或多个层链接到一个运动引导层,使一个或多个对象沿同一条路径运动的动画形式被称为引导层动画。这种动画可以使一个或多个元件完成曲线或不规则运动。

2．创建引导层动画的方法

(1)创建引导层和被引导层

一个最基本的引导层动画由两个图层组成,上面的一层是引导层,它的图层图标为 ,下面的一层是被引导层,图标为 ,同普通图层一样。

选择一个普通图层,单击鼠标右键,在弹出的快捷菜单中选择"引导层"命令,该图层就变为引导层,此时的引导层图标为 (不含被引导层的引导层图标为),然后用鼠标拖动一个普通层到引导层下,使其缩进成为被引导层,这时,引导层的图层图标变为 ,如图 6-15 所示。如果想关联更多的被引导层,只要将普通图层拖到引导层下面即可。

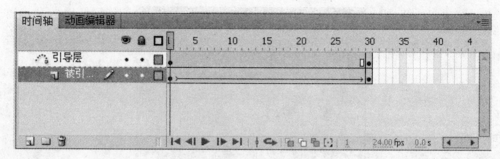

图 6-15　引导层动画

（2）引导层和被引导层中的对象

引导层是用来指示元件的运行路径的,所以引导层中的内容可以是用钢笔、铅笔、线条、椭圆工具、矩形工具或画笔工具等绘制出的线段。

而被引导层中的对象是跟着引导线走的,可以使用影片剪辑、图形元件、按钮、文字等,但不能应用形状。

由于引导线是一种运动轨迹,不难想象,被引导层中最常用的动画形式是动作补间动画,当播放动画时,一个或数个元件将沿着运动路径移动。

（3）向被引导层中添加元件

引导层动画最基本的操作就是使一个运动动画附着在引导线上。所以在操作时特别得注意引导线的两端,被引导的对象起点、终点的两个中心点一定要对准引导线的两个端头,如图 6-16 所示。

在图 6-16 中,我们特地将元件的透明

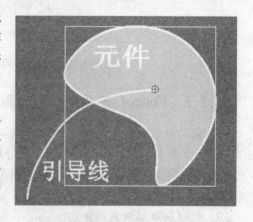

图 6-16　元件中心十字星对准引导线

度设为 50%,可以透过元件看到下面的引导线,元件中心的十字星正好对着线段的端头,这一点非常重要,是引导线动画顺利运行的前提。

6.2.6 Flash CS5 中遮罩动画的制作

1. 遮罩动画的概念

(1) 遮罩的概念

遮罩动画是 Flash 中的一个很重要的动画类型,很多效果丰富的动画都是通过遮罩动画来完成的。在 Flash 的图层中有一个遮罩图层类型,为了得到特殊的显示效果,可以在遮罩层上创建一个任意形状的"视窗",遮罩层下方的对象可以通过该"视窗"显示出来,而"视窗"之外的对象将不会显示。

(2) 遮罩的作用

在 Flash 动画中,遮罩主要有两种用途:一是用在整个场景或一个特定区域,使场景外的对象或特定区域外的对象不可见;二是用来遮罩住某一元件的一部分,从而实现一些特殊的效果。

2. 创建遮罩的方法

(1) 创建遮罩

在 Flash 中没有一个专门的按钮来创建遮罩层,遮罩层其实是由普通图层转化的。只要在某个图层上单击右键,在弹出的快捷菜单中选择"遮罩层"命令,该图层就会变成遮罩层,"层图标"就会从普通层图标 变为遮罩层图标 ,系统会自动将遮罩层下面的一层关联为"被遮罩层",在缩进的同时图标变为 。如果想关联更多的被遮罩层,只要将普通图层拖到遮罩层下面即可,如图 6-17 所示。

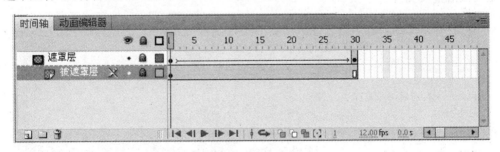

图 6-17 遮罩动画

(2) 构成遮罩和被遮罩层的元素

遮罩层中的图形对象在播放时是看不到的,遮罩层中的内容可以是按钮、影片剪辑、图形、位图、文字等,但不能使用线条,如果一定要用线条,可以将线条转化为"填

充"。被遮罩层中的对象只能透过遮罩层中的对象被看到。在被遮罩层中,可以使用按钮、影片剪辑、图形、位图、文字、线条等。

（3）遮罩层中可以使用的动画形式

可以在遮罩层、被遮罩层中分别或同时使用形状补间动画、动作补间动画、引导层动画等动画手段,从而使遮罩动画变成一个可以施展无限想象力的创作空间。

6.3 综合实训

下面通过制作一个飞机沿圆周飞行的动画,讲解制作引导路径和创建传统补间动画的方法。具体步骤如下:

① 新建一个 Flash 影片文档,设置舞台背景色为蓝色,其他保持默认。

② 选择"文本工具",在"属性"面板中,设置字体为 Webdings,字号为 110,文本颜色为红色。

③ 在舞台上单击鼠标,然后输入小写字母"j",这样舞台上就出现一个飞机符号。

④ 按【Ctrl】+【T】键,在"变形"面板中设置 Y 方向"倾斜"180°。

⑤ 在"图层 1"的第 30 帧按【F6】键插入一个关键帧,将飞机移动到右侧的其他位置。

⑥ 选择第 1 帧,单击鼠标右键,在弹出的快捷菜单中选择"创建传统补间"命令,这样就定义了从第 1 帧至第 30 帧的传统补间动画,如图 6-18 所示。这时的动画效果是飞机沿直线飞行。

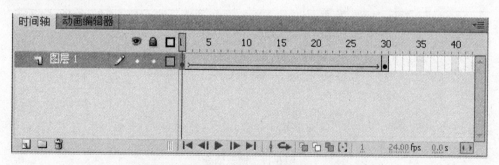

图6-18 "传统补间动画"在时间轴上的表现

⑦ 选择"图层 1",单击鼠标右键,在弹出的快捷菜单中选择"插入图层"命令,这样就插入了一个新图层"图层 2"。选择"图层 2",单击鼠标右键,在弹出的快捷菜单

中选择"引导层"命令，将"图层 2"变为"引导层"。用鼠标拖动"图层 1"到"图层 2"下，使"图层 1"缩进成为"被引导层"，如图 6-19 所示。

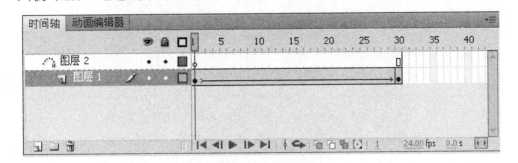

图 6-19 添加引导层

⑧ 选择"图层 2"，在"工具栏"选择"椭圆工具"，设置"笔触颜色"为黑色、"填充色"为无，在舞台上绘制一个大圆。

⑨ 在工具栏上选择"橡皮擦工具"，再在选项中选择一个小一些的橡皮擦形状，将舞台上的圆擦一个小口。

注意：这里之所以将圆擦一个小缺口，是因为在引导层上绘制的路径不能是封闭的曲线，路径曲线必须有两个端点，这样才能进行后续的操作。

⑩ 在工具栏上选择"选择工具"，确认"紧贴至对象"按钮处于被按下状态。选择"图层 1"上第 1 帧的飞机，拖动它到圆缺口的右端点上，如图 6-20 所示。在拖动过程中，当飞机快接近端点时，会自动吸附到上面。

⑪ 按照同样的方法，选择第 30 帧上的飞机，拖动它到圆缺口的左端点上。

⑫ 按【Enter】键，可以观察到飞机沿着圆周飞行，但是飞机的飞行姿态不符合实际情况。可通过下面的操作步骤进行改进。

⑬ 选择"图层 1"上第 1 帧的飞机，在"属性"面板中选中"调整到路径"复选框。

⑭ 测试影片，可以观察到飞机沿着圆周飞行。

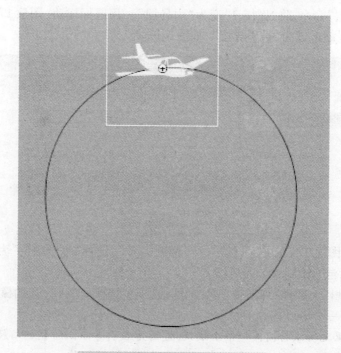

图 6-20　飞机沿圆周飞行的动画

本章小结

计算机动画是采用连续播放静止图像的方法产生景物运动的效果,也即使用计算机产生图形、图像运动的技术。本章主要讲解了计算机动画的基本概念和二维动画制作软件 Flash CS5 的工作界面及使用 Flash CS5 制作计算机动画的基本操作技术。

习 题

1. 什么是库、元件和实例?
2. 形状补间动画和动作补间动画有什么区别?
3. 逐帧动画和补间动画有什么区别?
4. 传统动画和计算机动画有什么区别?

第7章

网络多媒体技术

网络多媒体技术是一门综合的、跨学科的技术，它综合了计算机技术、网络技术、通信技术以及多种信息科学领域的技术成果，目前已经成为世界上发展最快和最富有活力的高新技术之一。

7.1　多媒体网络系统

7.1.1　多媒体通信

要充分发挥多媒体技术对多媒体信息的处理能力，开辟全新的应用领域，必须将多媒体技术与网络通信技术结合起来，以实现真正的信息共享，并在此基础上创造出更多更好的信息内容。多媒体通信的特点，决定了多媒体通信的研究、应用、发展与现有的计算机网络技术密不可分。

多媒体通信将计算机的交互性、通信的分布性与广播、电视的真实性融为一体。多媒体通信对网络的性能要求有以下三个方面：

① 信息量大，实时性要求高，因而要求通信信道比较宽，发送和接收要快。

② 覆盖范围广，采用多种信息，跨不同的硬件平台，兼容现有的电话、有线电视广播传输系统，还得提供与各种电子信息资源的通信协议接口。

③ 多媒体信息混合不同类型的数据，需要考虑各种媒体信息的时间和空间的同步问题。

多媒体通信系统具有以下三个特点：

① 多种媒体的集成性。多媒体通信系统应能传输两种以上的媒体信息，诸如文本、图形、图像、声音、动画、数据等，而且可以对这些媒体进行处理、存取和传输。因

此,多媒体通信要求信道传输速率较高,且具有处理不变、可变和突发信息的传输速率的能力。

② 工作方式的交互性。多媒体通信系统必须能以交互方式工作,而不是简单地单向、双向传输和广播,因此它能真正实现多点之间、多媒体信息之间的自由传输和交换,且这些信息的交换能做到实时进行,多媒体终端用户对通信的全过程有完整的交互控制能力。

③ 媒体之间的同步性。在网络功能方面,多种媒体的交互通过网络传输实现,而不是通过软盘、光盘等存储媒体进行传递。因此,网络传输的各种媒体信息必须保持它们的同步一致性。

7.1.2　多媒体通信标准

国际电信联盟远程通信标准化组织(ITU-T)与国际标准化组织信息化学习、教育和培训技术标准委员会(ISO/IEC)是制定多媒体通信标准的两大组织。ITU-T 的标准包括 T.120、H.261、H.263、H.264、H.320、H.323 和 H.324。其中,T.120 是实时数据会议标准,H.261、H.263 和 H.264 主要应用于实时视频通信领域,H.320 是综合业务数字网(ISDN)电视会议标准。ISO/IEC 制定的 MPEG 系列标准,主要应用于视频存储(DVD)、广播电视、Internet 或无线网上的流媒体等。

7.1.3　多媒体网络系统的应用

目前,网络上流行的多媒体网络应用大致可分成两类:一类是以文本为主的数据通信,包括文件传输、电子邮件、远程登录、网络新闻和 Web 等;另一类是以声音和视频图像为主的通信。通常把任何一种声音通信、图像和视频通信的网络称为多媒体网络应用(Multimedia Networking Application)。网络上的多媒体通信应用和数据通信应用有较大的差别:多媒体通信应用要在客户端播放声音和图像时流畅,声音和图像要同步,因此对网络的时延和带宽要求很高;而数据通信应用则把可靠性放在第一位,对网络的时延和带宽的要求不那么苛刻。

目前,基于 Internet 广泛开展的几类重要的多媒体网络应用的情况如下:

1. 现场声音广播、电视广播或者预录制内容的广播

这种应用类似于普通的无线电广播和电视广播,不同的是在 Internet 上广播,用户可以接收世界上任何一个角落里发出的声音和电视广播。这种广播可使用单目标广播(Unicast)传输,也可使用更有效的多目标广播(Multicast)传输。

2. 声音点播(Audio on Demand)

在这一类应用中,客户点击播放存放在服务器上的声音文件,声音内容包含任何

类型。

3. 视频点播(Video on Demand)

也称为交互电视(Interactive Television),这种应用与声音点播应用完全类似。存放在服务器上压缩的视频可以是整部电影、预先录制的电视片、历史事件档案片、卡通片和声音电视片等。存储和播放视频比声音文件需要大得多的存储空间和传输带宽。

4. 网络电话(Internet Telephone)

是人们在 Internet 上进行通话,就像人们利用传统电话通信一样,而资费却比传统电话低很多。

5. 分组实时电视会议(Group Real-time Video Conference)

这类多媒体应用与网络电话类似,但可允许许多人在不同地点同时参加。在会议期间,可为参会的人打开一个视频窗口,实时观看,并可进行互动讨论。

7.2　流媒体技术

7.2.1　流媒体的基本概念

流媒体简单来说就是应用流技术在网络上传输多媒体文件(音频、视频、动画或者其他多媒体文件),把连续的影像和声音信息经过压缩处理后放在网站服务器上,让用户一边下载一边观看、收听,而不需要等整个文件下载到本地机器后才能观看的网络传输技术。该技术先在用户的计算机上创造一个缓冲区,在播放前预先下载一段资料作为缓冲,当网络实际连线速度小于播放所耗用资料的速度时,播放程序就会取用这一小段缓冲区内的资料,避免播放的中断,也使得播放品质得以维持。

流媒体的本质特征是一边传输一边下载,而不是下载后再播放和边下载边播放。

7.2.2　流媒体的主要格式

因特网上使用较多的流媒体格式主要有三种:Real Networks 公司的 Real Media、Microsoft 公司的 Windows Media 和 Apple 公司的 Quick Time。

1. Real Media

Real Networks 公司在 20 世纪 90 年代中期首先推出了流媒体技术,目前在市场上处于领先地位,并拥有最多的用户数量。

Real Media 包括 Real Audio、Real Video 和 Real Flash 三类文件,Real Audio 用来传输 CD 音质的音频数据,Real Video 用来传输连续视频数据,而 Real Flash 则是 Real

Networks 公司与 Macromedia 公司联合推出的一种高压缩比的动画格式。这类文件的后缀名是".rm",文件对应的播放器是"RealPlayer"。作为最早的因特网流式技术,在音/视频方面 Real Media 已成为事实上的网络音/视频播放标准。

2. Windows Media

Microsoft 是三家之中最后进入这个市场的,但利用其操作系统的便利很快便取得了一定的市场份额。视频方面的 Windows Media Video 采用的是 MPEG-4 视频压缩技术,音频方面采用的是微软自己开发的 Windows Media Audio 技术。Windows Media 的关键核心是 MMS 协议和 ASF 数据格式,MMS 用于网络传输控制,ASF(Advanced Stream Format)是一个在 Internet 上实时传播多媒体的技术标准,主要用于媒体内容和编码方案的打包。

3. Quick Time

Apple 公司的 Quick Time 格式文件的后缀名通常是".mov",这个 MOV 文件能够通过 Internet 提供实时的数字化信息流、工作流与文件回放功能,它所对应的播放器是"Quick Time"。这是一个非常老牌的媒体技术集成,是数字媒体领域事实上的工业标准。Quick Time 是一个开放式的架构,包含了各种各样的流式或者非流式的媒体技术。Quick Time 在视频压缩上采用的是 Sorenson Video 技术,音频部分则采用 QDesign Music 技术。Quick Time 最大的特点是其本身所具有的包容性,使得它是一个完整的多媒体平台,因此基于 Quick Time 可以使用多种媒体技术来共同制作媒体内容,交互性比较好。

7.2.3 流媒体播放器

1. RealPlayer

RealPlayer 是一个在 Internet 上通过流技术实现音频和视频的实时传输的在线收听工具软件,使用它不必下载音/视频内容,只要线路允许,就能完全实现网络在线播放,极为方便地在网上查找和收听、收看自己感兴趣的广播、电视节目,充分享受到多媒体技术所带来的便利。

2. Windows Media Player

Windows Media Player 是微软公司出品的一款免费的播放器,是 Microsoft Windows 的一个组件,通常简称为"WMP",支持通过插件增强功能。

3. Quick Time

Quick Time 是苹果公司的播放器。它是将压缩、储存和播放与文本、声音、动画和图像结合在一起的文件。它的特点就是画面清晰。

7.3　网站制作软件 Adobe Dreamweaver CS5

7.3.1　Adobe Dreamweaver CS5 的工作界面

　　Adobe Dreamweaver CS5 是美国 Adobe 公司推出的"所见即所得"的可视化网站开发工具的最新版本。它是国内外普遍应用的专业网页设计软件,人们称之为"网页织梦者"。其不仅提供了强大的网页编辑功能,而且提供了完善的站点管理机制。Adobe Dreamweaver CS5 的操作界面如图 7-1 所示。

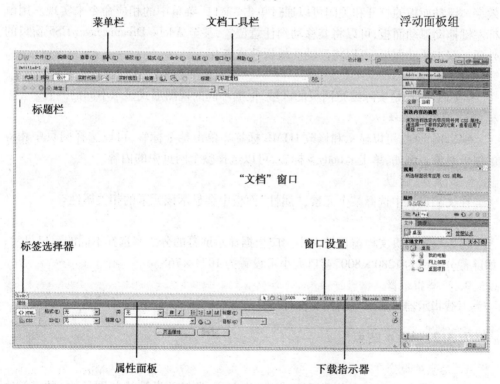

图 7-1　Adobe Dreamweaver CS5 的工作界面

　　1. 标题栏
　　标题栏可显示当前正在编辑的网页文档的文件名。

2. 菜单栏

菜单栏包含 Adobe Dreamweaver CS5 的所有操作命令,共有 10 个主菜单。

3. 文档工具栏

文档工具栏提供了文档操作的常用命令。例如,"代码"选项卡表示仅在文档窗口中显示 HTML 源代码视图;"拆分"选项卡表示同时显示 HTML 源代码和设计视图;"设计"选项卡是系统的默认设置,表示在文档窗口中只显示设计视图;"标题"文本框用于输入当前网页在浏览器上显示时标题栏中的内容。

4. 浮动面板组

浮动面板组包括一系列编辑网页时的控制内容。利用浮动面板对网页文档进行控制,可以在文档窗口中直接看到操作结果,真正实现了"所见即所得",提高了工作效率。浮动面板的打开和关闭可以通过单击"窗口"菜单中的相应命令来实现。用鼠标左键拖动浮动面板,可以将其移动到任意位置,甚至 Adobe Dreamweaver CS5 窗口的外面。双击浮动面板,可以将浮动面板折叠或展开。

5. "文档"窗口

"文档"窗口是实际编写网页的区域,根据不同的视图形式显示不同的内容。

6. 标签选择器

编辑网页时,可以显示和修改 HTML 标签。单击某个标签,可以选择网页中相应的编辑对象。例如,单击 < body > 标签,可以选择整个网页中的内容。

7. "属性"面板

在文档窗口中选择某个元素,"属性"面板中会显示该元素的相关属性。

8. 窗口设置

可以设置网页文档窗口的大小。应根据显示屏幕的分辨率选择不同的窗口尺寸,如屏幕分辨率为 1280 × 800,窗口大小可设置为 1024 × 768。

9. 下载指示器

下载指示器可显示当前网页文件所占容量,以及网页被下载时所需要的时间。

7.3.2　Web 站点

1. 站点的概念

Web 站点是一组具有共享属性(如相关主题、类似的设计或共同目的)的链接文档,是一系列文档的组合。这些文档基于共同的表现目的集合到一起,通过各种链接建立逻辑关联。站点也是文档的一种磁盘组织形式,它同样是由文档和文档所在的文件夹组成的。利用不同的文件夹,将不同的网页内容分门别类地保存。

通常情况下,建立站点时要将站点中的内容进行分类,然后把相关的内容进行归类,并放在同一个文件夹中,必要时还可以使用子文件夹,这样便于对站点资源进行管理。例如,网页中用到的图像可以放在 images 文件夹中,这样,当要将图像插入页面时,就知道在何处可以找到需要的内容。通过这种方式,可以让站点具有清晰的站点结构,易于管理维护。

注意:网站中所有的文件及文件夹都不能使用中文命名,最好使用有规律可循的英文名称,如汉语拼音、英文单词和英文缩写等。

2. 建立本地站点

Adobe Dreamweaver CS5 是一个创建和管理站点的工具,使用它不仅可以创建单独的网页文档,还可以创建完整的 Web 站点。

创建本地站点的步骤如下:

① 首先在计算机的硬盘上建立一个文件夹,如 D:\Web。

② 选择"站点"→"管理站点"命令,打开"管理站点"对话框,如图 7-2 所示。

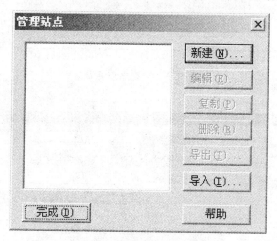

图 7-2　"管理站点"对话框

③ 在该对话框中单击"新建"按钮,弹出如图 7-3 所示的对话框,在该对话框中可通过"站点"选项卡设置站点名称。单击"高级设置"选项卡根据需要设置站点,如图 7-4所示。

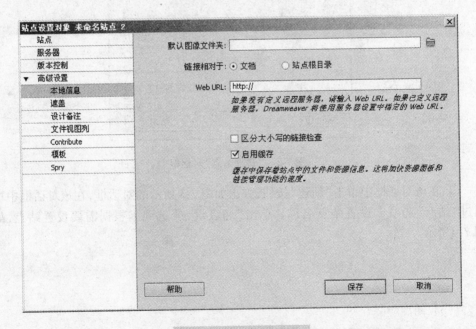

图 7-3 设置站点名称

图 7-4 站点高级设置

对话框中各选项的作用如下：

"站点名称"选项：在文本框中输入用户自定义的站点名称。

"本地站点文件夹"选项：在文本框中输入本地磁盘中存储站点文件、模板和库项目的文件夹的名称，或者单击浏览文件夹图标 🗀 查找文件夹。

"默认图像文件夹"选项：在文本框中输入站点的默认图像文件夹的路径，或者单击浏览文件夹图标 🗀 查找文件夹。

"链接相对于"选项组：选择"文档"选项，表示使用文档相对路径来链接；选择"站点根目录"选项，表示使用站点根目录相对路径来链接。

"Web URL"选项：在文本框中输入已完成的站点将使用的 URL。

"区分大小写的链接检查"选项：选择此复选框，则对使用区分大小写的链接进行检查。

"启用缓存"选项：指定是否创建本地缓存以提高链接和站点管理任务的速度。若选择此复选框，则创建本地缓存。

3. 创建和保存网页

创建站点后，用户需要创建网页来组织要展示的内容。合理的网页名称非常重要，一般网页文件的名称应该容易理解，能在一定程度上反映网页的内容。

在网站中有一个特殊的网页是首页，每个网站必须有一个首页。一般情况下，首页的文件名为"index. htm"、"index. html"、"index. asp"、"default. htm"、"default. html"或"default. asp"。

建立和保存网页的操作步骤如下：

① 选择"文件"→"新建"命令，启用"新建文档"对话框，选择"空白页"选项，在"页面类型"选项框中选择"HTML"选项，在"布局"选项框中选择"无"选项，创建空白网页，如图 7-5 所示。

② 设置完成后，单击"创建"按钮，弹出"文档"窗口，新文档在该窗口中打开。根据需要，在"文档"窗口中选择不同的视图设计网页，如图 7-6 所示。

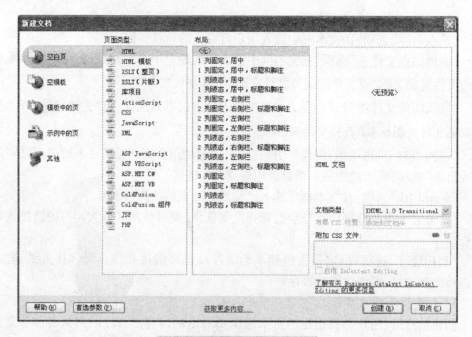

图 7-5 "新建文档"对话框

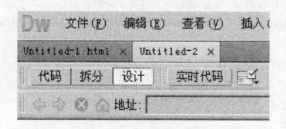

图 7-6 "文档"窗口

"文档"窗口中有三种视图方式,这三种视图方式的作用如下:

"代码"视图:可在代码视图中直接查看、修改和编写网页代码,以实现特殊的网页效果。

"设计"视图:以所见即所得的方式显示所有网页元素。

"拆分"视图:将文档窗口分为上下两部分,上部分是代码部分,显示代码;下部分是设计部分,显示网页元素及其在页面中的布局。

③ 最后选择"文件"→"保存"命令,弹出"另存为"对话框,在"文件名"文本框中输入网页的名称,如图 7-7 所示,单击"保存"按钮,将该文档保存在站点文件夹中。

图 7-7　"另存为"对话框

4. 管理站点

在建立站点后,可以对站点进行打开、修改、复制、删除、导入、导出、发布等操作。

(1) 打开站点

当要修改某个网站的内容,首先要打开站点。选择"窗口"→"文件"命令,启用"文件"控制面板,在其中选择要打开的站点名,打开站点。

(2) 编辑站点

具体的操作步骤如下:

① 选择"站点"→"管理站点"命令,打开"管理站点"对话框。

② 选择要编辑的站点,单击"编辑"按钮,弹出"站点设置"对话框,选择"高级设置"选项,根据需要进行修改,如图 7-4 所示,最后单击"保存"按钮完成修改。

③ 单击"完成"按钮,关闭"管理站点"对话框。

(3) 复制站点

① 在"管理站点"对话框左侧的站点列表中选择要复制的站点,单击"复制"按钮进行复制。

② 用鼠标左键双击新复制的站点,在弹出的"站点定义为"对话框中更改新站点的名称。

（4）删除站点

在"管理站点"对话框中选择要删除的站点，单击"删除"按钮即可删除选择的站点。

（5）导入和导出站点

如果在不同计算机之间移动站点，或者与其他用户共同设计站点，可通过 Adobe Dreamweaver CS5 的导入和导出站点功能实现。导出站点的功能是将站点导出为 ".ste"格式文件，然后在其他计算机上将其导入到 Adobe Dreamweaver CS5 中。

① 导出站点的具体步骤如下：

在"管理站点"对话框中选择需要导出的站点，单击"导出"按钮，弹出"导出站点"对话框，在该对话框中浏览并选择保存该站点的路径，如图 7-8 所示，单击"保存"按钮，保存后缀名为".ste"的文件。最后单击"完成"按钮，关闭"管理站点"对话框，完成导出站点的设置。

图 7-8 "导出站点"对话框

② 导入站点的具体步骤如下：

在"管理站点"对话框中单击"导入"按钮，弹出"导入站点"对话框，在该对话框中浏览并选择要保存的站点，如图 7-9 所示，单击"打开"按钮，站点即被成功导入。最后单击"完成"按钮，关闭"管理站点"对话框。

图 7-9 "导入站点"对话框

7.3.3 插入文本

文本是网页中最基本的元素。它不仅能准确表达网页制作者的思想,还有信息量大、输入修改方便、生成的文件小、易于浏览下载等特点。在文档中输入文本之后,还要利用文本属性设置选中文本的字体、字号、样式、对齐方式等,以获得预期的显示效果。

1. 添加文本

在网页文档中添加文本有两种方法:一是直接在文档窗口中输入文本;二是从其他地方复制,再粘贴到文档窗口中。

在"文档"窗口中,有一个闪烁的光标,称为文本的插入点。在光标后面输入文本,按【Enter】键会结束一个段落的输入,并且插入一个空行。按快捷键【Shift】+【Enter】会换行但不结束当前段落,并且不会插入空行,称为软换行,如图 7-10 所示。

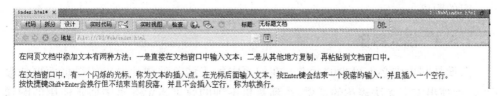

图 7-10 软换行效果

2. 设置文本属性

利用文本属性可以方便地修改选中文本的字体、字号、样式、对齐方式等,以获得预期的效果。

选择"窗口"→"属性"命令,弹出"属性"面板,在 HTML 和 CSS 属性面板中都可以设置文本的属性,如图 7-11 和图 7-12 所示。

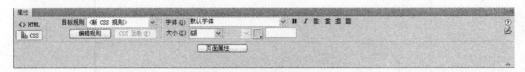

图 7-11　HTML 属性面板

图 7-12　CSS 属性面板

"属性"面板中各选项的含义如下:

● "字体"选项:设置文本的字体组合。

● "大小"选项:设置文本的字号。

● "文本颜色"按钮 ⬚ :设置文本的颜色。

● "粗体"按钮 **B** 、"斜体"按钮 *I* :设置文字格式。

● "左对齐"按钮 ☰ 、"居中对齐"按钮 ☰ 、"右对齐"按钮 ☰ 、"两端对齐" ☰ 按钮:设置段落在网页中的对齐方式。

● "格式"选项:设置所选文本的段落样式。

● "项目列表"按钮 ☷ 、"编号列表"按钮 ☷ :设置段落的项目符号或编号。

● "文本凸出"按钮 ⊞ 、"文本缩进"按钮 ⊞ :设置段落文本向右凸出或向左缩进一定的距离。

7.3.4　插入图像

图像是网页中必不可少的元素。在网页中加入精美的图片可以使得页面更加吸引人,展现出文字无法表达的意思,达到意想不到的效果。Web 页中通常使用的图像文件有 JPEG、GIF、PNG 三种格式。

1. 添加图片

在网页中插入图像的具体操作步骤如下：

① 在"文档"窗口中,将插入点放置在要插入图像的位置。

② 可通过以下几种方法启用"图像"命令,弹出"选择图像源文件"对话框,如图 7-13 所示。

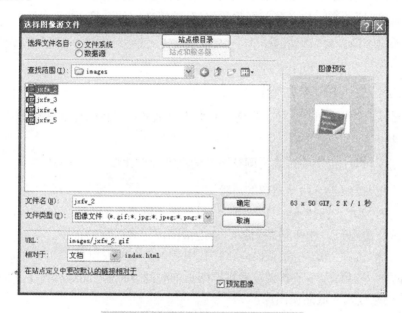

图 7-13 "选择图像源文件"对话框

● 选择"插入"面板中的"常用"选项卡,单击"图像"展开式工具按钮 上的黑色三角形,在下拉菜单中选择"图像"选项。

● 选择"插入"→"图像"命令。

③ 在对话框中,选择图像文件,单击"确定"按钮完成设置。

2. 设置图像属性

插入图像后,在"属性"面板中显示该图像的属性,如图 7-14 所示。

图 7-14 设置图像属性

● "高"和"宽"选项：以像素为单位指定图像的高度和宽度。

● "源文件"选项：指定图像的源文件。

● "链接"选项：指定单击图像时要显示的网页文件。

● "替换"选项：指定文本，在浏览设置为手动下载的图像前，用它来替换图像的显示。在某些浏览器中，当鼠标指针滑过图像时会显示替代文本。

● "编辑"按钮 <kbd>Ps</kbd>：启动外部图像编辑器，编辑选中的图像。

● "编辑图像设置"按钮 ：弹出"图像浏览"对话框，在该对话框中对图像进行设置。

● "裁剪"按钮 ：修剪图像的大小。

● "重新取样"按钮 ：对已调整过大小的图像进行重新取样，以提高图片在新的大小和形状下的品质。

● "亮度和对比度"按钮 ：调整图像的亮度和对比度。

● "锐化"按钮 ：调整图像的清晰度。

● "地图"和"指针热点工具"选项：提供三种不同形状的热点区域工具。

● "垂直边距"和"水平边距"选项：指定沿图像边缘添加的边距。

● "目标"选项：指定链接页面应该在其中载入的框架或窗口。

● "原始"选项：为了节省浏览者浏览网页的时间，可通过此选项指定在载入主图像之前可快速载入的低品质图像。

● "边框"选项：指定图像边框的宽度，默认为无边框。

● "对齐"选项：指定同一行上的图像和文本的对齐方式。

7.3.5　插入表格

表格是由若干的行和列组成的，行列交叉的区域为单元格。一般以单元格为单位来插入网页元素，也可以行和列为单位来修改性质相同的单元格。

1. 添加表格

在网页中插入表格的具体操作步骤如下：

① 在"文档"窗口中，将插入点放置在要插入表格的位置。

② 可通过以下几种方法启用"表格"命令，弹出"表格"对话框，如图 7-15 所示。

● 选择"插入"面板中的"常用"选项卡，单击表格工具按钮 。

● 选择"插入"→"表格"命令。

③ 在对话框中，设置好表格的行数和列数，单击"确定"按钮完成设置。

图7-15 "表格"对话框

2. 设置表格属性

插入表格后,在"属性"面板中可设置该表格的属性,如图7-16所示。

图7-16 设置表格属性

- "表格"选项:用于标志表格。
- "行"和"列"选项:用于设置表格中的行和列的数目。
- "宽"选项:以像素为单位或以浏览器窗口百分比来设置宽度和高度。
- "填充"选项:也称单元格边距,是单元格内容和单元格边框之间的像素数。
- "间距"选项:也称单元格间距,是相邻的单元格之间的像素数。
- "对齐"选项:表格在页面中相对于同一段落其他元素的显示位置。
- "边框"选项:以像素为单位设置表格边框的宽度。
- "清除列宽"按钮 和"清除行高"按钮 :删除已经指定的列宽或行高的数值。
- "将表格宽度转换成像素"按钮 :将表格每列宽度的单位转换成像素,还可将表格宽度的单位转换成像素。

● "将表格宽度转换成百分比"按钮 ：将表格每列宽度的单位转换成百分比，还可将表格宽度的单位转换成百分比。

● "背景颜色"选项：设置表格的背景颜色。

● "边框颜色"选项：设置表格边框的颜色。

● "背景图像"选项：设置表格的背景图像。

7.3.6　创建超链接

超链接的主要作用是将物理上无序的内容组成一个有机的统一体。单击超链接，即可跳转到相应的页面或位置。

网页中的文字、图像、动画等对象均可设置超链接。超链接包括以下几种形式：

1. 链接到文档

最常见的链接是在本网站的各个页面之间的链接，利用超链接，可以从一个文档跳转到另一个文档，也称为相对链接地址。

选中需要链接的文字、图像等对象，单击"属性"面板中"链接"文本框右侧的"浏览文件"按钮 ，弹出"选择文件"对话框，如图 7-17 所示。在网站文件夹下选择要链接的文档后，单击"确定"按钮即完成链接设置。

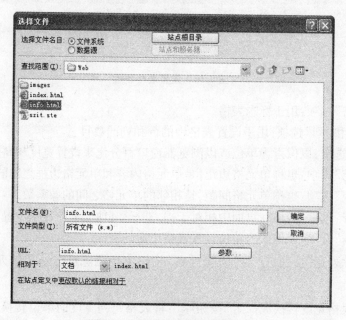

图 7-17　"选择文件"对话框

当完成链接文件后,"属性"面板中的"目标"选项变为可用,其下拉列表中的选项作用如下:

● "_blank"选项:将链接文件加载到新打开的浏览器窗口。
● "_parent"选项:将返回的信息显示在父级浏览器窗口中。
● "_self"选项:表示返回的信息将在当前浏览器窗口中。此目标是默认的,因此通常不需要指定它。
● "_top"选项:将返回的信息显示在顶级浏览器窗口中。

2. 链接到其他网站

即在"属性"面板的"链接"文本框中,直接输入其他网站的网址,这种方式也称为绝对链接地址。例如,在"链接"文本框中输入"http://www.163.com",单击这一链接,就会直接跳转到网易网站。

3. 空链接

选择需要链接的文字或图像,在"属性"面板的"链接"文本框中直接输入"#"即可。

4. 链接到 E-mail 邮箱

选择需要链接的文字或图像,在"属性"面板的"链接"文本框中直接输入"mailto:邮箱地址"即可。例如,输入"mailto:abc@163.com",单击该链接,就会直接启动E-mail程序,收件人的邮箱地址为"abc@163.com",如图 7-18 所示。

图 7-18 设置链接到 E-mail 邮箱

5. 锚记链接

浏览网页时,有的网页内容很多,需要上下拖动滚动条来查看文档的内容,为了快速而准确地实现在同一页面中的定位,可以使用锚记链接。

例如,可在文档的结束位置创建"返回顶部"标签的超链接,单击该链接,窗口会自动显示该文档的开始位置。具体操作步骤如下:

① 将光标定位到文档的开始位置,然后选择"插入"→"命名锚记"命令,弹出"命名锚记"对话框,在"锚记名称"文本框中输入"top",如图 7-19 所示。

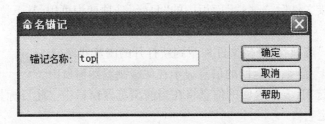

图 7-19　"命名锚记"对话框

② 单击"确定"按钮,此时光标所在位置会插入一个符号 ,该符号在浏览网页时不可见。

③ 将光标定位到文档的结束位置,输入并选中"返回顶部"几个文字,在"属性"面板的"链接"文本框中输入"#top"。

④ 保存文件。

锚记链接一般用于单页内容较多的网页中,也可以用在不同网页中实现准确的定位。

超链接制作完成后,链接文字会以系统默认的样式显示。如果需要修改,可以选择"修改"→"页面属性"命令,弹出"页面属性"对话框,在"分类"列表框中选中"链接"选项进行调整,如图 7-20 所示。

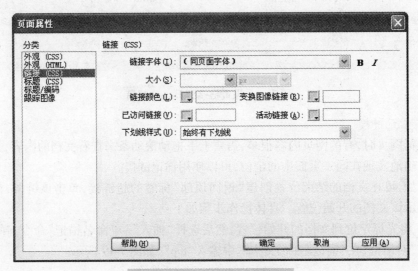

图 7-20　"页面属性"对话框

其中,"链接字体"、"大小"下拉列表框分别用于设置超链接文字的字体和字号;

"链接颜色"颜色按钮用于设置超链接文字的默认颜色;"已访问链接"颜色按钮用于设置已经单击过的超链接文本颜色;"变换图像链接"颜色按钮用于设置鼠标指向超链接文字时的文本颜色;"活动链接"颜色按钮用于设置当前链接(在链接文字上单击)时文本的颜色;"下划线样式"下拉列表框用于设置超链接文字下划线的显示和隐藏。

7.3.7　播放多媒体对象

多媒体技术的发展使网页的设计者能轻松自如地在网页中加入声音、动画、视频等内容,使网页更加生动、亮丽,从而吸引更多的访问者。

1. 插入声音

声音是网页中经常使用的元素,常见的声音文件有". wav"、". mid"、". mp3"三种文件格式。

打开需要插入背景音乐的网页文件,单击文档工具栏中的"代码视图"按钮,在"代码"视图中,显示的是当前网页的 HTML 语言源代码。在 < body > 语句的后面,插入背景音乐代码,格式为:

　　< bgsound loop = "循环次数" src = "音乐文件路径及文件名"/ >

其中,loop 表示循环次数,0 和 1 均表示只播放一次," - 1"表示无限次循环;"src"表示音乐文件名及其路径名,应为相对路径形式。如图 7-21 所示为添加背景音乐的代码视图。

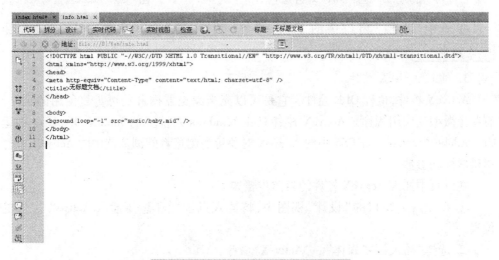

图 7-21　添加背景音乐的代码视图

2. 插入 Flash 动画

在网页中插入 Flash 动画的具体操作步骤如下：

① 在"文档"窗口的"设计"视图中，将插入点放置在想要插入影片的位置。

② 选择"插入"→"媒体"→"SWF"命令，弹出"选择 SWF"对话框，选择一个后缀名为".swf"的文件，如图 7-22 所示，单击"确定"按钮完成设置。此时，Flash 占位符出现在"文档"窗口中，如图 7-23 所示。

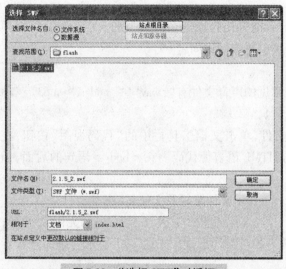

图 7-22 "选择 SWF"对话框

图 7-23 Flash 占位符

③ 选中"文档"窗口中的 Flash 对象，在"属性"面板中单击"播放"按钮测试效果。

3. 插入 ActiveX 控件

ActiveX 控件，也称 OLE 控件。它是可以充当浏览器插件的可重复使用的组件，有些像微型的应用程序。ActiveX 控件只在 Windows 系统上的 Internet Explorer 中运行。Adobe Dreamweaver CS5 中的 ActiveX 对象可为浏览者的浏览器中的 ActiveX 控件提供属性和参数。

在网页中插入 ActiveX 控件的具体步骤如下：

① 在"文档"窗口的"设计"视图中，将插入点放置在想要插入 ActiveX 控件的位置。

② 选择"插入"→"媒体"→"ActiveX"命令。

③ 选中"文档"窗口中的 ActiveX 控件，在"属性"面板中，单击"播放"按钮

▷ 播放 测试效果。

4. 插入 Applet 控件

Applet 是用 Java 编程程序语言开发的,可嵌入 Web 页中的小型应用程序。Adobe Dreamweaver CS5 提供了将 Java Applet 插入 HTML 文档中的功能。

在网页中插入 Java Applet 程序的具体操作步骤如下:

① 在"文档"窗口的"设计"视图中,将插入点放置在想要插入 Applet 程序的位置。

② 选择"插入"→"媒体"→"Applet"命令。

③ 弹出"选择文件"对话框,选择一个 Java Applet 程序文件,单击"确定"按钮完成设置。

7.3.8 CSS 样式

1. CSS 样式的概念

CSS 是 Cascading Style Sheet 的缩写,一般译为"层叠样式表"或"级联样式表"。层叠样式表是对 HTML3.2 之前版本语法的变革,将某些 HTML 标签属性简化。

层叠样式表是 HTML 的一部分,它将对象引入到 HTML 中,可以通过脚本程序调用和改变对象属性,从而产生动态效果。

2. "CSS 样式"控制面板

使用"CSS 样式"控制面板可以创建、编辑和删除 CSS 样式,并且可以将外部样式表附加到文档中。

选择"窗口"→"CSS 样式"命令,打开"CSS样式"控制面板,如图 7-24 所示。它由样式列表和询问的按钮组成。样式列表用于查看与当前文档相关联的样式定义以及样式的层次结构。"CSS 样式"控制面板可以显示自定义 CSS 样式、重定义的 HTML 标签和 CSS 选择器样式的样式定义。

"CSS 样式"控制面板中各按钮的作用如下:

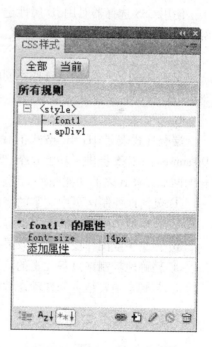

图 7-24 "CSS 样式"控制面板

● "附加样式表"按钮 ▦ :用于将创建的任何样式表附加到页面或复制到站点中。

● "新建 CSS 规则"按钮 ⤵ :用于创建自定义 CSS 样式、重定义的 HTML 标签和 CSS 选择器样式。

● "编辑样式"按钮 ✎ :用于编辑当前文档或外部样式表中的任何样式。

● "删除 CSS 规则"按钮 🗑 :用于删除"CSS 样式"控制面板中所选的样式,并从应用样式的所有元素中删除模式。

3. CSS 样式的类型

(1) 重定义 HTML 标签样式

重定义 HTML 标签样式是对某一 HTML 标签的默认格式进行重定义,从而使网页中的所有该标签的样式都自动跟着变化。

(2) CSS 选择器样式

使用 CSS 选择器对用 ID 属性定义的特定标签应用样式。一般网页中某些特定的网页元素使用 CSS 选择器定义样式。

(3) 自定义样式

先定义一个样式,然后选择不同的网页元素应用此样式。一般情况下,将自定义与脚本程序配合来改变对象的属性,从而产生动态效果。

4. 样式表功能

层叠样式表是 HTML 格式的代码,浏览器处理起来速度比较快。另外,Adobe Dreamweaver CS5 提供了功能复杂、使用方便的层叠样式表,方便网站设计师制作个性化的网页。样式表的功能归纳如下:

① 灵活地控制网页中文字的字体、颜色、大小、位置和间距等。

② 方便地为网页中的元素设置不同的背景颜色和背景图片。

③ 为文字或图片设置滤镜效果。

④ 精确地控制网页各元素的位置。

⑤ 与脚本语言结合制作动态效果。

7.3.9 网页文件头设置

文件头标签在网页中是看不到的,它包含在网页中的 < head > 与 < /head > 标签之间,所有包含在该标签之间的内容在网页中都是不可见的,文件头标签主要包括 META、关键字、说明、刷新、基础和链接等。

1. 设置 META

META 标记可以用来记录当前网页的相关信息,如编码、作者和版权等。也可以用来给服务器提供信息,如网页的终止时间、刷新的间隔等。设置 META 的步骤如下:

① 选择"插入"→"HTML"→"文件头标签"→"META"命令,弹出"META"对话框。

② 在"属性"选项的下拉列表中选择"名称",在"值"选项的文本框中输入"keywords",在"内容"选项的文本框中输入关键字信息,具体设置如图 7-25 所示。

图 7-25 "META"对话框

③ 单击"确定"按钮后可在"代码"视图中查看相应的 html 标记,如图 7-26 所示。

图 7-26 设置 META 的代码

2. 设置关键字

网站的来访者大多都是由搜索引擎引导来的,关键字的作用是协助因特网上的搜索引擎寻找网页。插入关键字的具体步骤如下:

① 选择"插入"→"HTML"→"文件头标签"→"关键字"命令,弹出"关键字"对话框。

② 在"关键字"对话框中输入相应的中文或英文关键字,但要注意多个关键字要用半角的逗号分隔。例如,设定关键字为"网站开发,网站推广",具体设置如图 7-27 所示。

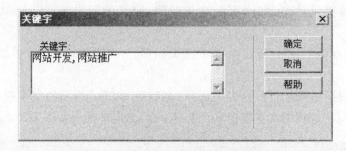

图 7-27 "关键字"对话框

③ 单击"确定"按钮后可在"代码"视图中查看相应的 html 标记,如图 7-28 所示。

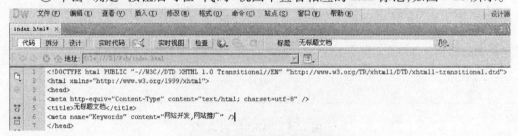

图 7-28 设置关键字的代码

3. 设置说明

搜索引擎也可通过记取 < meta > 标签的说明内容来查找信息,但说明信息主要是对网页内容的详细说明,而关键字可以让搜索引擎尽快搜索到网页。设置网页说明的具体步骤如下:

① 选择"插入"→"HTML"→"文件头标签"→"说明"命令,弹出"说明"对话框。

② 在"说明"对话框中输入相应的文字说明。具体设置如图 7-29 所示。

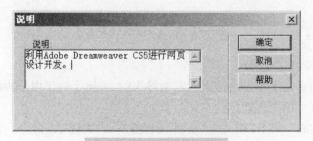

图 7-29 "说明"对话框

③ 单击"确定"按钮后可在"代码"视图中查看相应的 html 标记,如图 7-30 所示。

图 7-30　设置网页说明的代码

4. 设置刷新时间

刷新主要适用于两种情况:第一种情况是网页地址发生变化,可以在原地址的网页上使用刷新功能,规定在若干秒之后让浏览器自动跳转到新的网页;第二种情况是网页经常更新,规定让浏览器在若干秒之后自动刷新网页。设置刷新时间的具体步骤如下:

① 选择"插入"→"HTML"→"文件头标签"→"刷新"命令,弹出"刷新"对话框。"刷新"对话框中各选项的作用如下:

● "延迟"选项:设置浏览器刷新页面之前需要等特的时间,以秒为单位。若要浏览器在完成载入后立即刷新页面,则在文本框中输入"0"。

● "操作"选项组:指定在规定的延迟时间后,浏览器是转到另一个 URL 还是刷新当前页面。若要打开另一个 URL 而不刷新当前页面,单击"浏览"按钮,选择要载入的页面。

② 在"刷新"对话框中设置刷新时间。具体设置如图 7-31 所示。

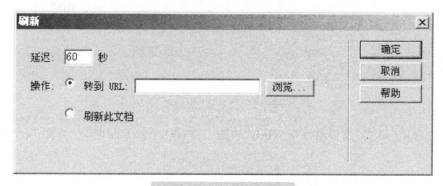

图 7-31　"刷新"对话框

③ 单击"确定"按钮后可在"代码"视图中查看相应的 html 标记,如图 7-32 所示。

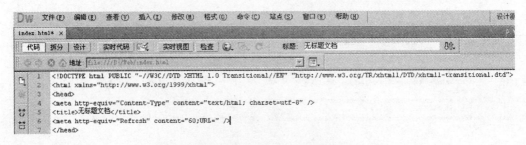

图 7-32　设置刷新时间的代码

5. 设置基址

网站内部文件之间的链接都是以相对地址的形式出现的,在默认情况下,都是相对于首页设置链接,这里称为基础网页。通过文件头内容可以设置基础网页的地址,这里简称基址。设置基址的具体步骤如下:

① 选择"插入"→"HTML"→"文件头标签"→"基础"命令,弹出"基础"对话框。"基础"对话框中各选项的作用如下:

● "HREF"选项:设置页面中所有链接的基准链接。

● "目标"选项:指定所有链接的文档都应在哪个框架或窗口中打开。

② 在"基础"对话框中设置基准链接。具体设置如图 7-33 所示。

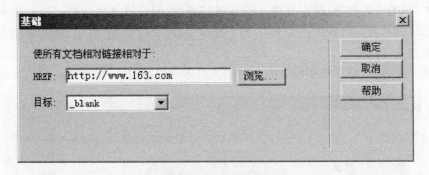

图 7-33　"基础"对话框

③ 单击"确定"按钮后可在"代码"视图中查看相应的 html 标记,如图 7-34 所示。

图 7-34　设置基址的代码

6. 设置链接

"链接"用于设定当前网页与本地站点中另一个网页之间的关系,并通过另外一个文件提供给当前网页文件相关的资源和信息。设置链接的具体步骤如下:

① 选择"插入"→"HTML"→"文件头标签"→"链接"命令,弹出"链接"对话框,如图 7-35 所示。

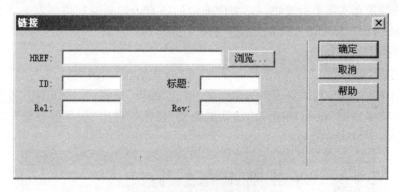

图 7-35　"链接"对话框

② 在"链接"对话框中设置相应的选项。

对话框中各选项的作用如下:

● "HREF"选项:用于定义与当前文件相关联的文件的 URL。它并不表示通常HTML意义上的链接文件,链接元素中指定的关系更加复杂。

● "ID"选项:为链接指定一个唯一的标志符。

● "标题"选项:用于描述关系。该属性与链接的样式表有特别的关系。

● "Rel"选项:指定当前文档与"HREF"选项中的文档之间的关系。其值包括替代、样式表、开始、上一步、下一步、内容、索引、术语、版权、章、节、小节、附录、帮助和书签。若要指定多个关系,则用空格将各个值隔开。

● "Rev"选项：指定当前文档与"HREF"选项中的文档之间的相反关系，与"Rel"选项相对。其值与"Rel"选项的值相同。

7.3.10　网站的测试与发布

网页设计完成之后，要在浏览器中对设计好的网页内容进行预览测试，查看结果是否符合要求，还要对站点中的链接进行测试，找出断裂处和错误，并进行修复，以确保站点结构无误。

在完成了本地站点中所有网页的设计测试之后，就可以将网站内容上传到服务器上，即形成真正的网站，可供世界各地的用户浏览，这就是网站的发布。

1．网页预览

网页编辑完成后，如果想在浏览器中预览网页的内容，可以单击文档工具栏中的按钮，或者按【F12】快捷键进行预览查看。

2．网站发布

网站的发布实际上就是将网站文件夹中的所有内容复制到服务器上。我们这里使用 Adobe Dreamweaver CS5 的"站点管理"工具。

具体操作步骤如下：

① 选择"站点"→"管理站点"命令，打开"管理站点"对话框。

② 在对话框中，选择要编辑的站点名，单击"编辑"按钮，弹出如图 7-36 所示的对话框，选择"服务器"选项，单击"添加新服务器"按钮＋，弹出"服务器设置"对话框，具体设置如图 7-37 所示。

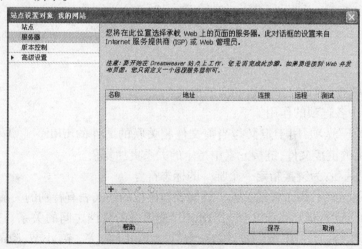

图 7-36　"站点设置对象"对话框

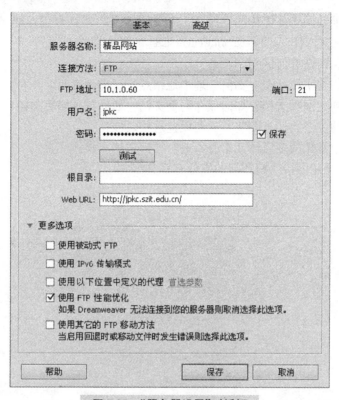

图 7-37 "服务器设置"对话框

③ 最后单击"保存"按钮,退出"服务器设置"对话框,再单击"保存"按钮,退出"站点管理"对话框。

④ 选择"站点"→"上传"命令,上传成功后,即能在本地浏览器中正常浏览上传至服务器中的内容。

本章小结

网络多媒体技术是计算机网络技术与多媒体技术的结合。网络多媒体应用是目前多媒体应用的主流。本章主要介绍了网络多媒体系统的基本知识和 Adobe Dreamweaver CS5 的基本功能和工具的使用方法。

习 题

1. 多媒体通信系统的主要特点是什么?

2. 流媒体的主要格式有哪些?

3. 为了推动网络多媒体的发展,ITU 组织制定了一系列专用标准,包括哪些?

4. 简单表述一下 Adobe Dreamweaver CS5 的基本功能。

5. 网页和网站有何区别和联系?

6. 如何创建本地站点?如何管理本地站点?试举例说明。

7. 如何创建网页文档?如何保存网页文档?如何打开网页文档?

8. 图像的主要属性有哪些?如何设置这些属性?

9. 网页中常见的多媒体元素有哪些?如何添加多媒体元素?

10. 什么是超链接?超链接的类型有哪些?

第 8 章

多媒体合成软件 Authorware 7.0

现在流行的多媒体创作工具很多，如基于编程的工具 Visual Basic、基于时间线的工具 Action、基于图标的工具 Authorware、基于页面的工具 Tool Book、基于场景的工具 Director。其中 Authorware 是一款相当优秀的多媒体整合工具，它主要用于制作教学课件、多媒体光盘、电子杂志等。相对于同是 Macromedia 旗舰产品的"同门兄弟" Director，Authorware 的门槛更低，即使没有任何的编程基础，只要懂得基本的 Windows 操作知识，一样可以轻轻松松地学会并掌握 Authorware 的开发设计流程。这是因为 Authorware 提供直接面向对象的图标化设计流程，只要在流程线上添加各种各样的设计图标并进行相关属性设置，就可以实现复杂的功能。

8.1 Authorware 7.0 的功能与特点

Authorware 是一套功能强大的多媒体编辑系统，是一种基于设计图标和流程线结构的多媒体设计平台，支持多种媒体文件，和其他的一些软件如 Flash、Visual Basic 有良好的接口。利用它不仅能制作图文声并茂的课件，还能制作二维动画。它丰富的交互方式，特别适合制作多媒体教学和培训演示课件。Authorware 7.0 具有如下特点：

1. 基于图标的创作方式

能够在设计窗口中看到程序设计的整个流程，并可拖动图标调整其在流程中的位置，也可在屏幕上直接编辑文字、图像与动画等。

2. 支持更多的媒体

可直接调用多种格式的文本、图片、声音、视频等文件，将它们集成为独立播放的多媒体程序。还可绘制和编辑各种所需的图形。

3. 支持 Flash

Authorware 可以直接使用 Flash 文件。

4. 多样化的交互手段

可加入按钮响应、热区域响应、热对象响应、可移动对象响应、下拉菜单响应等多种交互手段。

5. 丰富的函数和变量

可使用系统提供的函数和变量,同时也可创建自己的函数和变量,从而大大提高程序设计的灵活性,适应不同层次设计者的设计需求。

6. 动态链接功能

可将用任何一种语言创建的程序或其他多媒体产品导入 Authorware。

7. 媒体的网络传输技术

可以将最后的作品分段压缩,并发布到 Internet 和企业网上。

8. 新增特点

支持 XML、JavaScript 及 Speech Xtras;全新的工作界面,采用面板操作;图标工具栏和图标调色板可以移动;在计算窗口中,可应用程序设计语言编写程序,并可随时替换为 Authorware 默认语言;可导入 PowerPoint 幻灯片。

8.2　Authorware 7.0 的工作界面

Authorware 7.0 的具体工作界面如图 8-1 所示。

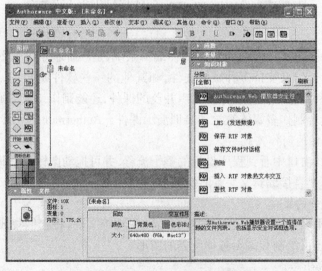

图 8-1　Authorware 7.0 的工作界面

8.2.1　菜单栏

Authorware 7.0 共有 11 组菜单,其中包含了 Authorware 7.0 所有的操作命令,如图 8-2 所示。

图 8-2　菜单栏

1.“文件”菜单

包括文件处理、文件各种属性参数的设置、文件的导入和输出、模板转换、文件的发布设置、打包、打印等命令,如图 8-3 所示。

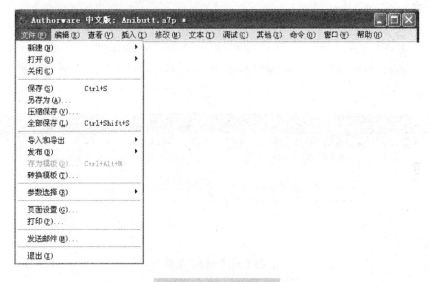

图 8-3　“文件”菜单

2.“编辑”菜单

包括剪切、复制、粘贴等 Windows 下的常用命令,以及关于图标的命令,如图 8-4 所示。

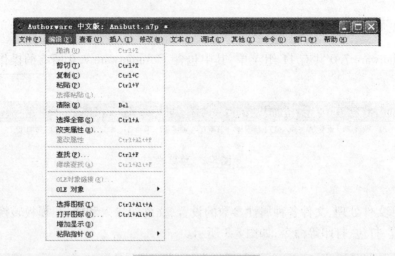

图 8-4 "编辑"菜单

3. "查看"菜单

包括查看当前图标、显示网格以及调出 Authorware 7.0 界面下的工具栏等命令,如图 8-5 所示。

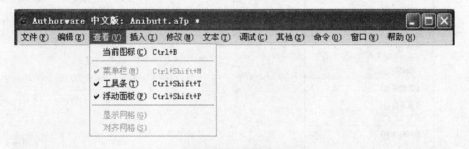

图 8-5 "查看"菜单

4. "插入"菜单

主要用来插入新图标、图片、知识对象、OLE 对象以及一些其他格式的媒体文件,如 Authorware 7.0 动画、GIF 动画图片等,如图 8-6 所示。

图8-6 "插入"菜单

5. "修改"菜单

用于修改多媒体文件的属性、图标的参数、组合和取消组合各种对象,以及调整对象的相对层次和对齐方式等属性,如图8-7所示。

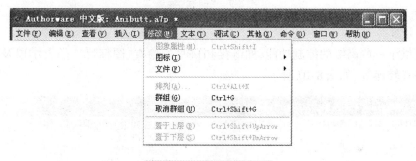

图8-7 "修改"菜单

6. "文本"菜单

主要用于定义文字的属性,如字体、字号、文字样式、字符属性等,如图8-8所示。

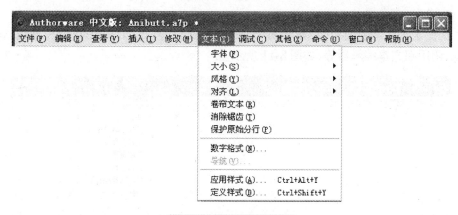

图8-8 "文本"菜单

7. "调试"菜单

主要作用是试运行程序、跟踪并调试程序中的错误,如图8-9所示。

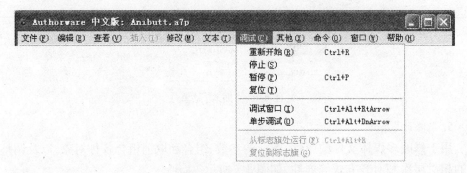

图8-9 "调试"菜单

8. "其他"菜单

提供了一些高级的控制功能,如链接和拼写的检查、图标尺寸的大小以及声音文件的格式转换等,如图8-10所示。

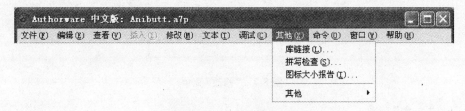

图8-10 "其他"菜单

9. "命令"菜单

提供了一些增强的功能,如转换 PowerPoint 文件、获得网络上的资源、查找 Xtras 对象、调用超文本编辑器等,如图8-11所示。

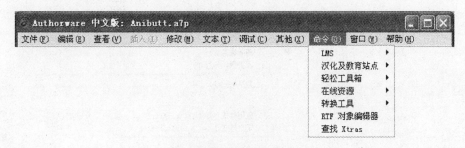

图8-11 "命令"菜单

10. "窗口"菜单

主要作用是调出或隐藏各种窗口,如按钮窗口、函数面板等,如图 8-12 所示。

图 8-12 "窗口"菜单

11. "帮助"菜单

可以调出帮助文件以及 Authorware 的使用手册、函数参考等,还可以通过 Internet 得到 Macromedia 公司的技术支持,如图 8-13 所示。

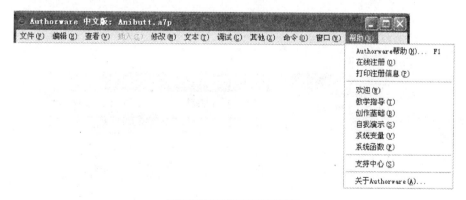

图 8-13 "帮助"菜单

Authorware 7.0 的菜单命令有四种类型,分别为:普通选项(图 8-14)、复选按钮型选项(图 8-15)、子菜单选项(图 8-16)和对话框选项(图 8-17)。

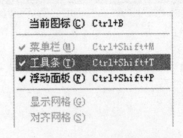

图 8-14　普通选项

图 8-15　复选按钮型选项

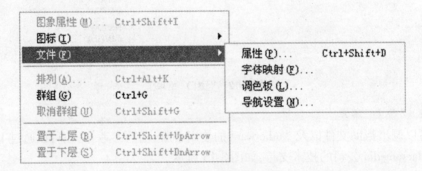

图 8-16　子菜单选项

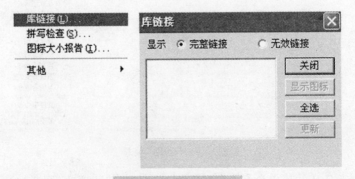

图 8-17　对话框选项

8.2.2 工具栏

工具栏上的按钮提供了一些常用功能,如图 8-18 所示。选择"查看"→"工具条"菜单命令,即可调出工具栏,如图 8-19 所示。

图 8-18　工具栏

常用工具栏是 Authorware 窗口的组成部分,其中每个按钮实质上是菜单栏中的某一个命令,由于使用频率较高,被放在常用工具栏中,熟练使用常用工具栏中的按钮,可以达到事半功倍的效果。工具栏上的按钮从左向右依次为:

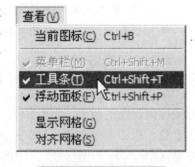

图 8-19　调出工具栏

- 新建:新建一个 Authorware 文件。
- 打开:打开一个 Authorware 文件。
- 保存:保存当前所有的 Authorware 文件。
- 导入:将外部文件导入到 Authorware 文件中。
- 撤销:使用该命令可以恢复误操作。
- 剪切:将选中的对象移动到剪贴板上。
- 复制:将选中的对象复制到剪贴板上。
- 粘贴:将剪贴板中的内容粘贴到当前工作画面下。
- 查找:查找或替换包含所设关键词的对象,如图标的名字、包含内容的文字等,如图 8-20 所示。

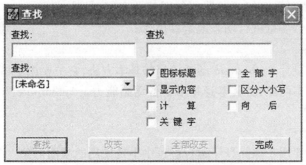

图 8-20　"查找"对话框

- 文本风格:用于将预先自定义的文本格式快速应用到当前选定的文本中。
- 粗体:将选定的文本转化为粗体格式。
- 斜体:将选定的文本转化为斜体格式。
- 下划线:将选定的文本转化为下划线格式。
- 运行:从头开始运行程序。
- 控制面板:显示或关闭控制面板。
- 函数:显示或关闭函数面板。
- 变量:显示或关闭变量面板。
- 知识对象:显示或关闭知识对象面板。

8.2.3 图标栏

Authorware 是一种基于图标的多媒体开发软件,它通过图标来控制程序的流程,通过图标编辑和设置来显示、播放多媒体素材。启动 Authorware 7.0 进入程序主界面,在窗体左边的就是 Authorware 的图标栏,其中的图标即是 Authorware 流程线上的核心元素,如图 8-21 所示。其中,图标栏上方的 14 个图标用于流程线的设置,通过它们来完成程序的计算、显示、决策、交互控制等功能;位于设计图标下面的"开始旗帜"和"结束旗帜"则是用于调试控制程序执行的起始位置和结束位置;而在图标栏最下方的是设计图标调色板。下面就来介绍图标栏上各个设计图标的具体功能及使用技巧。

图 8-21 图标栏

1. 显示图标

显示图标是 Authorware 设计流程线上使用最频繁的图标之一,在显示图标中可以存储多种形式的图片及文字,另外,还可以在其中放置函数变量进行动态地运算执行。

2. 移动图标

移动图标是设计 Authorware 动画效果的基本方法,它主要用于移动位于显示图标内的图片或者文本对象,但其本身并不具备动画能力。Authorware 7.0 提供了五种二维动画移动方式。

3. 擦除图标

擦除图标主要用于擦除程序运行过程中不再使用的画面对象。Authorware 7.0 系统内部提供了多种擦除过渡效果,使程序变得更加炫目生动。

4．等待图标

顾名思义，主要用在程序运行时的时间暂停或停止控制。

5．导航图标

导航图标主要用于控制程序流程间的跳转，通常与框架图标结合使用，在流程中设置与任何一个附属于框架设计图标页面间的定向链接关系。

6．框架图标

框架图标提供了一个简单的方式来创建并显示 Authorware 的页面功能。框架图标右边可以下挂许多图标，包括显示图标、群组图标、移动图标等，每一个图标被称为框架的一页，而且它也能在自己的框架结构中包含交互图标、判断图标，甚至是其他的框架图标内容，功能十分强大。

7．判断图标

判断图标通常用于创建一种决策判断执行机构，当 Authorware 程序执行到某一判断图标时，它将根据用户事先定义的决策规则而自动计算执行相应的决策分支路径。

8．交互图标

交互图标是 Authorware 突出强大交互功能的核心表征，有了交互图标，Authorware 才能完成各种灵活复杂的交互功能。Authorware 7.0 提供了多达 11 种的交互响应类型。与显示图标相似，交互图标中同样也可插入图片和文字。

9．计算图标

计算图标是用于对变量和函数进行赋值及运算的场所，它的设计功能看起来虽然简单，但是灵活的运用往往可以实现难以想象的复杂功能。值得注意的是，计算图标并不是 Authorware 计算代码的唯一执行场所，其他的设计图标同样有附带的计算代码执行功能。

10．群组图标

Authorware 引入的群组图标，更好地解决了流程设计窗口的工作空间限制问题，允许用户设计更加复杂的程序流程。群组图标能将一系列图标进行归组包含于其下级流程内，从而提高了程序流程的可读性。

11．电影图标

电影图标，即数字化电影图标，主要用于存储各种动画、视频及位图序列文件。利用相关的系统函数变量可以轻松地控制视频动画的播放状态，实现如回放、快进/慢进、播放/暂停等功能。

12．声音图标

与电影图标的功能相似，声音图标用来完成各种声音文件的存储和播放。利用相关的系统函数变量同样可以控制声音的播放状态。

13. 视频图标

视频图标通常用于存储一段视频信息数据,并通过与计算机连接的视频播放机进行播放,即视频图标的运用需要硬件的支持,普通用户较少使用该设计图标。

14. 知识对象图标

用于插入知识对象。

15. 开始旗帜

用于调试执行程序时,设置程序流程的运行起始点。

16. 结束旗帜

用于调试执行程序时,设置程序流程的运行终止点。

17. 图标调色板

图标栏底部的设计图标调色板可用于对图标进行着色。当流程设计窗口上的设计图标比较繁多时,进行程序调试和检查往往是件令人头痛的事情,如果在设计过程中能对流程线上的同一种图标或同一类型的图标进行分组归类,并着上同一种颜色,那么检查起来将会十分方便,调色板即提供了这种功能。进行图标上色时,首先用鼠标单击选择流程线上的图标,然后再用鼠标在图标调色板内选择一种颜色,此时被选中的设计图标即被涂上了颜色,如图 8-22 所示。

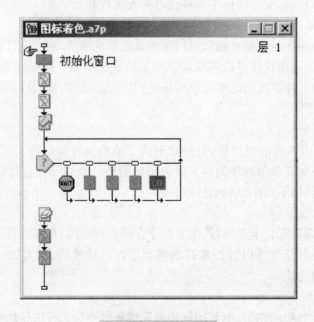

图 8-22　图标着色

Authorware 7.0 直接支持图标间的直接拖放操作,具体如下:

① 直接拖放显示图标到群组图标内,使其作为下级流程的图标。

② 直接拖放框架页面到导航图标上,自动建立导航链接关系。

③ 直接拖放显示图标到移动图标上,使其作为该移动图标的移动对象。

④ 直接拖放群组图标到擦除图标上,使其作为该擦除图标的擦除对象。

8.2.4　设计窗口

设计窗口是 Authorware 进行多媒体程序开发的地方,程序流程的设计和各种媒体的组合都是在设计窗口中实现的。设计窗口包含标题、流程线、程序开始标志、程序结束标志、手形标志和窗口层次,如图 8-23 所示。

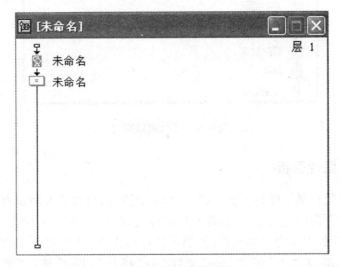

图 8-23　设计窗口

● 标题:显示程序文件名或图标名。单击"关闭"按钮关闭程序文件。

● 流程线:程序编辑是在流程线上进行的。将图标区栏中的图标拖动到流程线上,然后设置图标的属性。

● 手形标志:指示当前设计位置。

● 程序开始和程序结束标志:程序从开始标志运行,沿流程线方向到结束标志停止运行。

● 窗口层次:说明窗口的层次级别。

Authorware 的这种流程图式的程序结构,能直观形象地体现教学思想,反映程序执行的过程,使得不懂程序设计的人也能很轻松地开发出高水平的多媒体程序,如

图 8-24 所示。

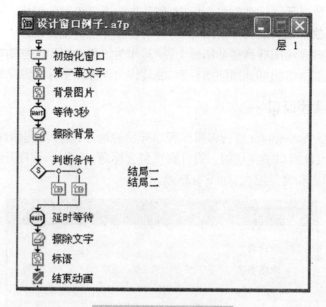

图 8-24 设计窗口实例

8.2.5 属性面板

从图标栏拖动显示图标到流程线上,双击此图标,可以打开演示窗口,它既是用户输入文字和图形的地方,也是程序执行的输出窗口。一般在开始设计多媒体程序之前,要先设置好演示窗口的属性,如演示窗口的大小、背景颜色、标题、菜单、交互效果等。选择菜单命令"修改"→"文件"→"属性",即可打开"属性"面板,如图 8-25 所示。

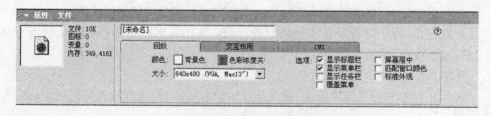

图 8-25 "属性"面板

8.2.6 右侧面板

1. "知识对象"面板

知识对象是 Authorware 中的高级功能,借助知识对象可以使经验较少的用户快速创建出具有一定规模的作品。单击工具栏上的"知识对象"按钮或选择菜单命令"窗口"→"知识对象",打开"知识对象"面板,该面板列出了 Authorware 中提供的所有知识对象。在 Authorware 7.0 中共有 10 种类型的知识对象,分别为 Internet、LMS、RTF对象、界面构成、评估、轻松工具箱、文件、新建、指南。用户可以根据需要将知识对象添加到流程线上,不仅简化了设计步骤,而且使程序更加完美。例如,要使用 RTF 文本编辑器编辑出来的文本,就必须使用知识对象,如图 8-26 所示。

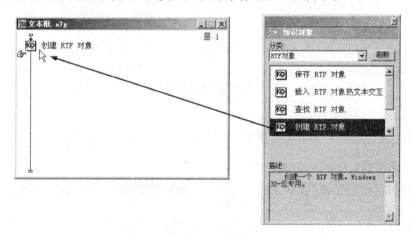

图 8-26 "知识对象"面板

2. 控制面板

控制面板的主要作用就是调试运行多媒体程序。选择"窗口"→"控制面板"命令,在弹出的控制面板工具栏中单击"控制面板"按钮即可打开控制面板,如图 8-27所示。

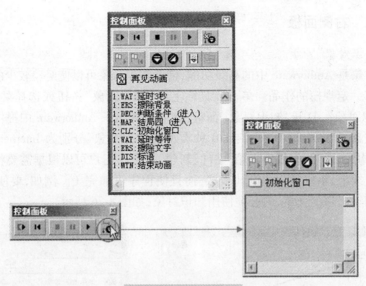

图 8-27　控制面板

3．"函数"面板和"变量"面板

可以通过系统函数和变量进行程序设计，以实现一些复杂的功能，如图 8-28 所示。

图 8-28　"函数"面板与"变量"面板

8.3 Authorware 7.0 的基本操作

8.3.1 添加和命名图标

1. 添加图标

用鼠标单击图标栏中的图标,按住左键不放,将图标拖动到流程线上相应的位置,释放鼠标左键,被选定的图标即显示在流程线上,如图 8-29 所示。

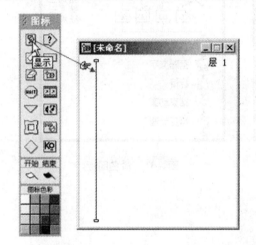

图 8-29 添加图标

设计窗口中新拖入的图标默认的名称是"未命名",如图 8-30 所示。

2. 命名图标

在设计窗口中单击要命名的图标,这时被选中的图标处于高亮状态,键入新的图标名称,如图 8-31 所示。

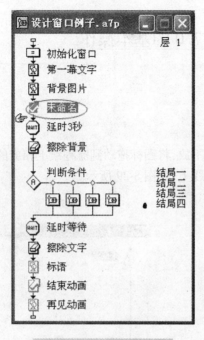

图 8-30　新添加的图标

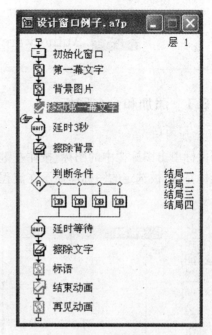

图 8-31　命名图标

8.3.2　编辑图标

1. 选定图标

选择单个图标,直接用鼠标单击即可;若要选择多个图标,可在按住【Shift】键的同时单击选定所有图标,或者直接用鼠标拖动。

2. 删除图标

先选定图标,然后按【Delete】键或者单击鼠标右键,在弹出的快捷菜单中选择"删除"命令,如图8-32所示。

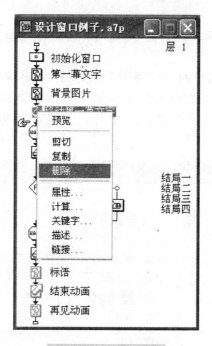

图 8-32　删除图标

3. 移动图标

单击要改变位置的图标,按住鼠标左键不放,将图标拖动到要放置的位置再松开鼠标左键,如图 8-33 所示。

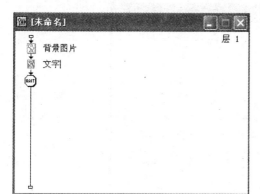
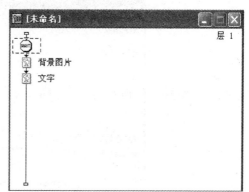

图 8-33　移动图标

4．复制图标

先选定要复制的图标，然后通过"复制"和"粘贴"命令即可完成复制。

5．图标属性设置

先直接双击设计窗口中的"背景图片"显示图标，打开演示窗口，然后单击"插入"菜单中的"图像"命令，弹出"属性：图像"对话框（图8-34），单击该对话框中的"导入"按钮，弹出"导入哪个文件？"对话框，选定背景图像文件，单击"导入"按钮即可，如图8-35所示。

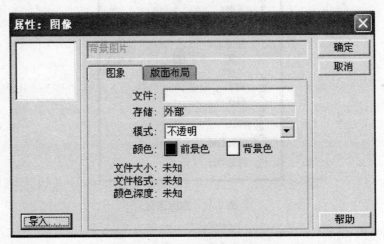

图8-34 "属性：图像"对话框

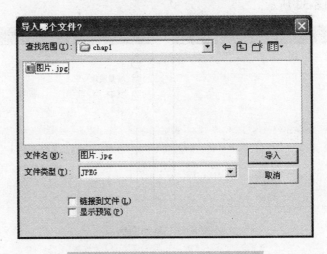

图8-35 "导入哪个文件？"对话框

8.3.3　图标的群组功能

图标分组的方法：选择"修改"→"群组"命令，如图 8-36 所示。分组后的效果如图 8-37 所示。

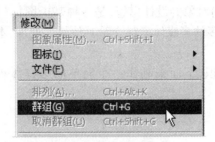

图 8-36　图标分组

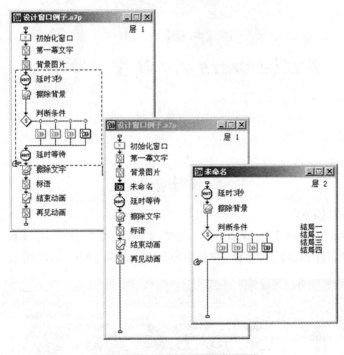

图 8-37　图标分组后的效果

8.4　Authorware 7.0 制作实例

Authorware 采用面向对象的设计思想,是一种基于图标(Icon)和流线(Line)的多媒体开发工具。它将众多的多媒体素材交给其他软件处理,本身则主要承担多媒体素材的集成和组织工作。

根据前面所学的知识,下面来制作一个简单的多媒体程序,程序界面如图 8-38 所示。

图 8-38　实例效果图

制作的步骤如下:

① 启动 Authorware 7.0,自动新建一个空文件,选择"修改"→"文件"→"属性"菜单命令,打开"属性:文件"对话框,在其中设置文件属性,如图 8-39 所示。

图 8-39　设置文件属性

② 添加一个计算图标,输入代码:ResizeWindow(600,400)。

③ 添加一个显示图标,命名为"机器猫",如图 8-40 所示;导入机器猫的图片,如图 8-41 所示;在演示窗口中,用鼠标拖动图片,使之位于合适的位置,如图 8-42 所示。

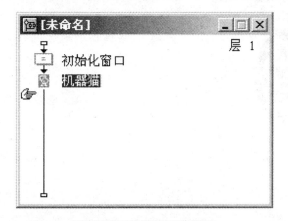

图 8-40　添加显示图标

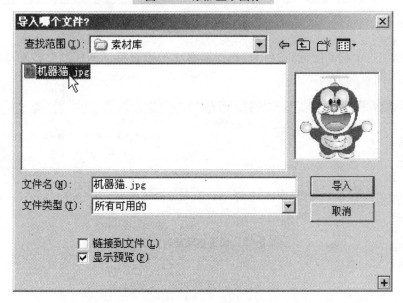

图 8-41　导入图像文件

图 8-42　拖动图标

④ 添加一个移动图标,命名为"机器猫移动",设置移动图标的属性和移动路径,如图 8-43、图 8-44 所示。

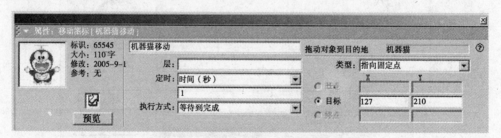

图 8-43　设置移动图标的属性

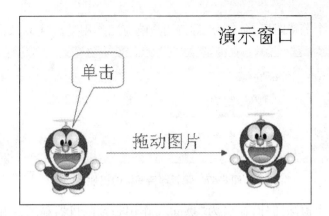

图 8-44　设置移动路径

　　⑤ 再添加一个显示图标,命名为"显示欢迎文字"。双击图标打开演示窗口,选择
文本工具,输入文本"欢迎来到 Authorware 7.0 课堂"。设置显示图标的属性(如字体、
大小、文字颜色等)和显示图标的特效,如图 8-45 和图 8-46 所示。

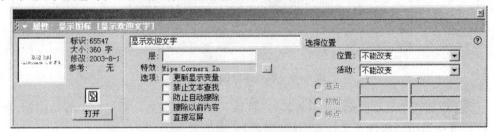

图 8-45　设置显示图标的属性

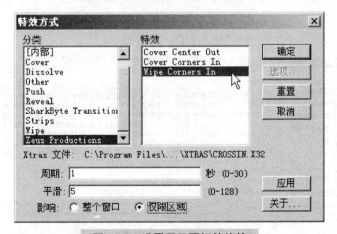

图 8-46　设置显示图标的特效

⑥ 添加一个等待图标,命名为"等待用户响应",作用是延时 3s,如图 8-47 所示。

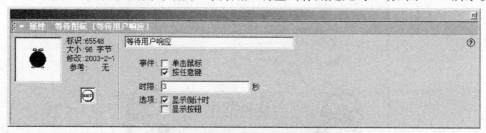

图 8-47 设置等待图标的属性

⑦ 添加一个擦除图标,命名为"擦除",作用是擦除机器猫图片和欢迎文字,如图 8-48所示。

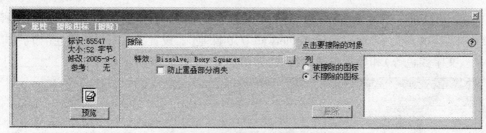

图 8-48 设置擦除图标的属性

⑧ 添加两个显示图标,分别命名为"背景"和"内容正文";添加一个等待图标,命名为"等待退出";添加一个计算图标,命名为"退出"。

⑨ 双击"内容正文"图标,选择文本工具创建文本,调整文字的字体和尺寸,如图 8-49所示。

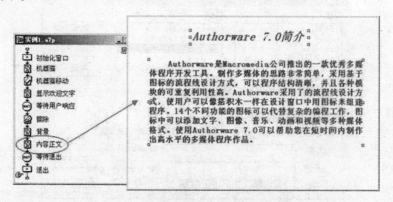

图 8-49 调整文字的字体和尺寸

⑩ 单击"等待退出"图标,在属性面板上设置等待图标的属性,如图 8-50 所示。

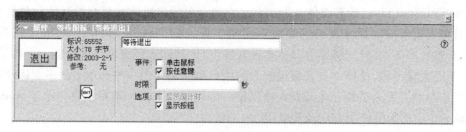

图 8-50　设置等待图标的属性

⑪ 双击"退出"图标,在弹出的计算图标编辑器中,键入如下代码:Quit( )。

⑫ 程序制作至此完成,单击"运行"按钮,预览程序。

⑬ 单击"保存"按钮,将其命名为"实例 1. a7p",如图 8-51 所示。

图 8-51　保存文件

本章小结

在各种多媒体应用软件的开发工具中,Macromedia 公司推出的多媒体制作软件 Authorware 是不可多得的开发工具之一。它使得不具有编程能力的用户也能创作出

一些高水平的多媒体作品。Authorware 采用面向对象的设计思想,是一种基于图标(Icon)和流线(Line)的多媒体开发工具。它把众多的多媒体素材交给其他软件处理,本身则主要承担多媒体素材的集成和组织工作。Authorware 操作简单,程序流程明了,开发效率高,并且能够结合其他多种开发工具,共同实现多媒体的功能。它易学易用,不需大量编程,使得不具有编程能力的用户也能创作出一些高水平的多媒体作品,对于非专业开发人员和专业开发人员都是一个很好的选择。本章主要介绍了 Authorware 7.0 中文版的使用方法及其应用。

习 题

1. 熟悉 Authorware 7.0 的工作环境。

2. Authorware 7.0 提供了哪三种浮动面板?

3. 在对导航设计图标进行属性设置时,直接跳转方式与调用方式有什么区别?

4. 在 Authorware 7.0 中导入多媒体文件有嵌入式和链接方式,它们各有什么优点和缺点?

5. 在程序文件之间跳转必须使用文件跳转函数:JumpFile( )和 JumpFileReturn( ),这两个函数有何区别?

6. 决策判断分支结构和交互分支结构的区别是什么?

7. 框架图标的基础功能是什么?

8. 热区域响应类型在应用上的限制有哪些?

9. 在 Authorware 中,交互图标的响应类型有哪几种?

10. 为什么 Authorware 的作品要先打包才能发布?

参 考 文 献

［1］王庆延,李竺,刘永浪.多媒体技术与应用[M].北京:清华大学出版社,2011.

［2］杨帆,赵立臻.多媒体技术与应用[M].北京:高等教育出版社,2006.

［3］徐东平,何业兰.多媒体技术基础及应用[M].杭州:浙江大学出版社,2011.

［4］于冬梅,陆斐,王苏平.多媒体技术及应用[M].北京:清华大学出版社,2011.

［5］鄂大伟.多媒体技术基础与应用[M].北京:高等教育出版社,2003.

［6］胡虚怀,李焕,陈专红.多媒体技术应用[M].北京:清华大学出版社,2011.

［7］林福宗.多媒体技术基础[M].北京:清华大学出版社,2000.

［8］靳敏.多媒体技术与应用[M].北京:机械工业出版社,2010.

［9］蔡绍稷,吉根林.大学计算机基础[M].南京:南京师范大学出版社,2009.

［10］尹俊华.教育技术学导论[M].北京:高等教育出版社,2011.

［11］数字艺术教育研究室.中文版 Dreamweaver CS5 基础培训教程[M].北京:人民邮电出版社,2010.

［12］钟玉琢,沈洪,冼伟铨,等.多媒体技术基础及应用[M].北京:清华大学出版社,2006.

［13］王志强,杜文锋.多媒体技术及应用[M].北京:清华大学出版社,2011.

［14］鲁宏伟,汪原祥.多媒体计算机技术[M].北京:电子工业出版社,2011.

［15］黄心渊.多媒体技术基础[M].北京:高等教育出版社,2007.

［16］周苏,陈祥华,胡兴桥.多媒体技术与应用[M].北京:科学技术出版社,2005.

［17］数字艺术教育研究室,金日龙.中文版 Photoshop CS5 基础培训教程[M].北京:人民邮电出版社,2010.

［18］张海燕.Adobe Photoshop CS5 中文版经典教程[M].北京:人民邮电出版社,2010.

［19］毛小平,尹小港.Photoshop CS5 中文版完全学习手册[M].北京:人民邮电出版社,2010.

［20］张瑞娟.中文版 Photoshop CS5 高手成长之路[M].北京:清华大学出版社,2011.

［21］乘方工作室,朱仁成,李洪杰,等. Dreamweaver MX Flash MX Fireworks MX 网页设计培训教程［M］.西安:西安电子科技大学出版社,2003.

［22］陈益材. Dreamweaver CS4 中文版从入门到精通［M］.北京:机械工业出版社,2009.

［23］刘小伟,黄文龙,刘飞. Dreamweaver CS4 中文版实用教程［M］.北京:电子工业出版社,2009.

［24］李继先. Dreamweaver CS4 中文版完全自学攻略［M］.北京:电子工业出版社,2009.

［25］缪亮,徐景波. Authorware 多媒体课件制作实用教程［M］:第三版.北京:清华大学出版社,2011.

［26］李冬芸,高丽霞,魏湛冰. Authorware 多媒体技术应用实例教程［M］.北京:电子工业出版社,2010.

［27］郑阿奇,乌英格.多媒体技术应用基础［M］.北京:清华大学出版社,2010.

［28］舒力迪,朱毅华,邓椿志,等. Authorware 实用教程［M］.北京:电子工业出版社,2010.

［29］彭宗勤. Flash 中文版基础与实训案例教程.北京:电子工业出版社,2010.

［30］肖永亮. Flash CS3 二维动画设计与制作.北京:电子工业出版社,2009.

［31］陈宗斌,译. Adobe Flash CS5 中文版经典教程.北京:人民邮电出版社,2010.

［32］贺小霞,张仕禹. Flash CS5 中文版标准教程.北京:清华大学出版社,2012.

［33］马丹. Flash 动画制作标准教程(CS4 版).北京:人民邮电出版社,2011.

［34］Chris Georgenes. 中文版 Flash CS5 技法精粹——在规定时间和预算内高效开发创意项目的实战指南.张磊,译.北京:清华大学出版社,2011.

［35］于永忱,伍福军. Flash CS5 动画设计案例教程:第 2 版.北京:北京大学出版社,2011.

［36］杨纪梅,肖志强. Dreamweaver CS4 网页设计与制作指南.北京:清华大学出版社,2010.

［37］Adobe 公司. Adobe Dreamweaver CS5 中文版经典教程.陈宗斌,译.北京:人民邮电出版社,2011.

［38］缪亮. Authorware 多媒体课件制作实用教程:第三版.北京:清华大学出版社,2011.

［39］郭新房,杨继萍,倪宝童. Authorware 多媒体制作标准教程(2010—2012 版).北京:清华大学出版社,2010.

［40］沈大林. Authorware 多媒体制作案例教程:第 2 版. 北京:中国铁道出版社,2011.

［41］ACAA 专家委员会 DDC 传媒,刘强. Adobe Premiere Pro CS5 标准培训教材. 北京:人民邮电出版社,2010.

［42］Adobe 公司. Adobe Premiere Pro CS5 经典教程. 北京:人民邮电出版社,2011.

［43］姜全生. 影视后期编辑与合成技术——Adobe Premiere Pro 2.0. 北京:清华大学出版社,2008.

［44］邓文达,武国英. Dreamweaver CS5 网页设计与制作宝典. 北京:清华大学出版社,2011.

［45］九州书源. 新手学做网站(Dreamweaver + Flash + Photoshop CS5 版). 北京:清华大学出版社,2011.